体验课堂系列

体验鲨鱼

MR MEGAMOUTH'S SHARK LESSONS

[英] 迈克尔·考克斯/原著 [英] 凯利·沃尔德克/绘 胡敏 张宝钧/译

北京出版集团公司
北京少年儿童出版社

图书在版编目(CIP)数据

体验鲨鱼/(英)考克斯(Cox, M.)原著;(英)沃尔德克(Waldek, K.)绘;胡敏,张宝钧译.—2版.—北京:北京少年儿童出版社,2010.1
(可怕的科学·体验课堂系列)
ISBN 978－7－5301－2337－9

Ⅰ.①体… Ⅱ.①考… ②沃… ③胡… ④张… Ⅲ.①鲨鱼—少年读物 Ⅳ.①Q959.41－49

中国版本图书馆 CIP 数据核字(2009)第 180358 号

可怕的科学·体验课堂系列
体验鲨鱼
TIYAN SHAYU
[英]迈克尔·考克斯 原著
[英]凯利·沃尔德克 绘
胡敏 张宝钧 译
*
北 京 出 版 集 团 公 司
北 京 少 年 儿 童 出 版 社 出版
(北京北三环中路6号)
邮政编码:100120
网 址:www.bph.com.cn
北 京 出 版 集 团 公 司 总 发 行
新 华 书 店 经 销
北京市科星印刷有限责任公司印刷
*
787毫米×1092毫米 16开本 7.75印张 50千字
2010年1月第2版 2018年10月第29次印刷
ISBN 978－7－5301－2337－9/N·126
定价:22.00元
如有印装质量问题,由本社负责调换
质量监督电话:010－58572393

目录

欢迎来到皮克尔山小学

嘿！你好！我是夏洛特·爱德华。在你还没有翻过这一页之前，为了以防万一，我必须得先提醒你几件事。我可不希望你一会儿被吓着。所以你要记住：皮克尔山小学和你天天去的学校不一样，大不一样！

首先，我们这里有最最棒的老师，但这些老师都……都有一点怪怪的。他们的课也一样，课上什么稀奇古怪的事情都有可能发生。比方说，前一分钟我们还坐在教室里听大嘴老师给我们讲解鲨鱼，后一分钟，我们可能就发现自己已经身处太平洋洋底了。

长话短说，快来吧，快加入我们5M班吧。来听听大嘴老师的鲨鱼课，你就会明白我的意思了。

皮克尔山小学

老师的名字： 大嘴先生

年龄： 不多不少整30

长相： 高个子，黑头发，前额的一大绺头发总是尖尖的冲天竖着。有着洁白的大板牙，特别爱咧着嘴笑。

星座： 双鱼

最喜欢的话题： 所有跟鲨鱼有关的话题

习惯动作： 兴高采烈时，两脚会不停地跳来跳去。自我感觉良好时，喜欢踮着脚尖转几圈。

信息提供：

5M班夏洛特·爱德华

我们5M班的全家福
西蒙·希德沃夫
（外号“三只脑”）
布瑞恩·
巴特勒
莱克斯
米·莎玛
连姆·欧布兰迪
我（夏洛特·
爱德华）
祖·汤
普森
丹尼尔·梅普森
（爱开玩笑的家伙）
凯莉·尼布莱特
（画画最棒）
没错，我也在照片里。这张照片我们是自拍的。

初识巨齿鲨

大嘴老师走进教室，看上去兴奋极了。

“OK”，他猛地一个俯冲，抓住了抛出去的钢笔，“注意！上课了！咱们得抓紧点儿。今天这一课我们要‘深入’地学习鲨鱼。会很剪彩哟！（呵呵，大嘴老师是想说精彩。）”

他飞快地做了一个经典的转圈动作，然后说：“你们知道吗？世界上一共有400多种鲨鱼。这些鲨鱼有的只有一根雪茄烟那么长，有的却比公共汽车还要大。它们生活在各个大洋，不论是在天寒地冻的南北极还是烈日炎炎的热带海洋，你都能发现它们的踪迹。它们从不挑食，管它是浮游生物、鼠海豚还是失踪船只上的小猫咪，它们统统都吃。”

“噢！可怜的小猫咪！”凯莉·尼布莱特叹息道。

“哎！可怜的鼠海豚！”丹尼尔·梅普森也跟着

起哄。

我们大家都哈哈大笑起来！

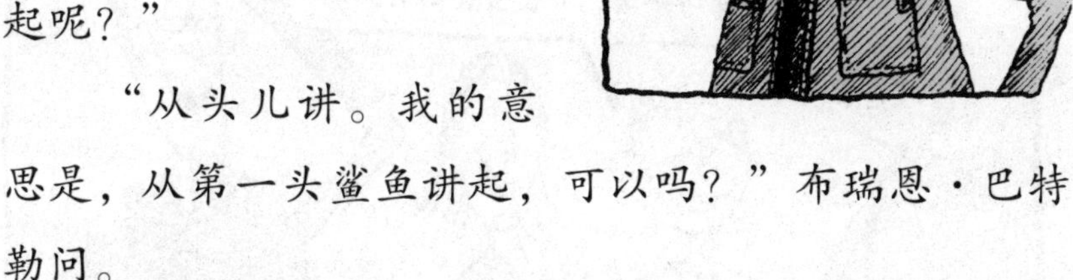

"好啦好啦！"大嘴老师突然把钢笔往天上一抛，然后一张嘴，用牙齿接住，"咱们先从哪儿讲起呢？"

"从头儿讲。我的意思是，从第一头鲨鱼讲起，可以吗？"布瑞恩·巴特勒问。

"布瑞恩，你现在已经有鲨鱼的思维了。"大嘴老师夸奖道。（过一会儿你就会习惯这些双关语了。）

"那么，鲨鱼出现在地球上已经有多长时间了呢？"

"嗯，有一万来年了吧？"凯莉猜道。

"哦，不对，不对，不对！"大嘴老师叫道，两只脚不停地跳来跳去，"比一万年要长得多多多多了！"注意到凯莉有些失望，大嘴老师赶紧说，"对不起，凯莉，我并没有批评你的意思。"

"嗯，那么，有1000万年？"莱克斯米·莎玛小声地猜道。

“不，不对，不对，不对！”

他停了下来，用手指把脑门前那一绺头发往后捋了捋，然后说：“嗯，把1000万年再乘以40就差不多了。”

“说得很对！”大嘴老师旋转了一圈，接着说，“大约4亿多年前，海洋里就出现了一些类似鲨鱼的鱼。大家可以这样想，第一只恐龙来到地球也不过是2亿年前，6500万年前出现了原始灵长类，人猿类大约在3600万年前才出现。当然，要说那些长得和今天我们看到的鲨鱼差不多的鲨鱼，就要追溯到6400万年前，那也恰好是恐龙开始灭绝的时候。然后……嘿，我有一个好办法。”

大嘴老师冲到那个很特殊的存储柜前。（之所以说它特殊，是因为在平时，我们谁也不允许碰它。）

他搜寻了好一阵子，然后从里面拖出一个看上去老得不成样子的投影仪来。5分钟后，教室里的百叶窗放了下来，那台样子滑稽的老机器开始吱吱嘎嘎地转了起来。这时，教室里每天用的东西，像课桌啦，椅子啦，都不见了。我们突然发现自己没在教室里，而是挤在一个黑乎乎的洞里，周围只有那台老掉牙的投影仪和大嘴老师！并且，投影仪投出的画面不是出现在我们的正前方，而是四面八方，我们的头顶、脚下、前后左右都有画面！怪不得大嘴老师根本就没准备什么屏幕呢。环顾四周，巨大的海藻正漂浮过我们的头顶，好多模样吓人的水生生物在我们的前方游动着，还有一些奇奇怪怪的贝类慢慢地从我们的脚边爬过。四周传来轰隆轰隆、哗啦哗啦的声音，这声音就像是平时在游泳池游泳时，把头埋在水里听到的声音一样，美妙极了！

“现在你们看到的脚下所有的沙土和岩石最终将会变成美国的加利福尼亚州。当然那是1400万年以后的事情了。现在我们正位于一个巨大的史前海洋的底部，那些东西随时会游过来。”

“什么东西会游过来？”祖·汤普森问。

“自己看吧，耐心点。”大嘴老师说。

我们真的看到了！只见一个巨大的、黑乎乎的东西从浑浊的水中缓缓游过来。它有尾有鳍，硕大无比，比我们乘坐的公共汽车还要大，还要宽！

“是……是它吗?！”莱克斯米悄声问道。

“这就是巨齿鲨。”大嘴老师也压低了声音，“它是大白鲨的远房亲戚，但论本事，可要比大白鲨厉害多了。它是海里的霸王龙。大家听着！虽然我们现在在一个虚拟世界里，但大家最好还是不要发出太大声音。有时候，虚拟和真实的世界可能会重叠起来，要是那样麻烦就大了。你们明白我的意思吗？”

大家都似懂非懂地点点头，然后望着那头巨齿鲨

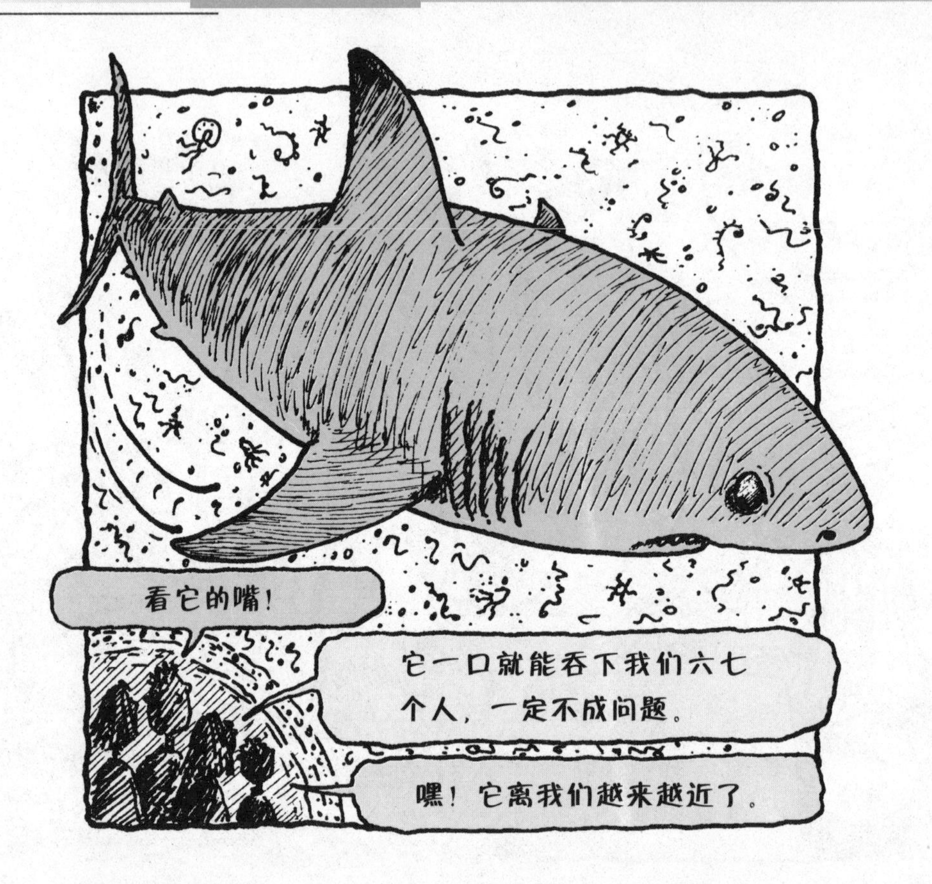

向我们游来。

“哦，天哪！我希望还是不要太互动的为好。”大嘴老师小声嘟囔着，“也许我现在该把投影倒回去了。”

大嘴老师刚要去够控制开关，又一个庞然大物出现在水底。

“看哪！”祖压低了嗓音说，“这一头也是巨齿鲨吗？”

“不，这是一头史前鲸，它只是一头幼小的鲸。要是它不来，我们的命可就保不住了。你们自己看吧！”

这时，巨齿鲨突然发现了这头幼鲸。只见它尾巴一甩，掉转头，以迅雷不及掩耳之势向这头鲸扑了过去。可怜的小家伙只有束手待毙的份儿了！在这里，我就不想过于详细地描述了，因为当时的场面真是太可怕了。那头巨齿鲨用头狠狠地朝小鲸撞过去，然后用它那巨大的嘴紧紧咬住不放。海水顿时变成了血红

一片，好多奇形怪状、面目可憎的鱼都游了过来。

“这些是什么？”

“史前鲨。它们一直都在观赏着这场搏杀，而且

喜欢血腥的味道。难以想象吧？”

这些鲨鱼中有的背上披着一蓬巨大的穗子，有的头上生角，有的长着巨鳍，有的浑身上下覆盖了铁衣一样的盔甲。

这些样子凶残的家伙们都虎视眈眈地瞪着自己的战利品。那只可怜的小鲸根本就没有任何机会了。我忍不住默默地祈祷，希望这一切不是真的，乞求这一切不要再继续下去了。

突然，连姆发出一声惊叫：“老师，我感到有水花溅到身上了。我的脚边还有一摊水呢！”

“哦，我早知道这机器该修了。今天就看到这里吧。”

他飞快地拍了一下投影机的开关。好了，我们又回到了教室，回到了那个满是桌椅板凳的教室。瞧！这就是我所说的皮克尔山小学——你刚刚还身在某个地方，可一转眼就发现自己又到了另一个地方。

“哇!”布瑞恩喊着，“真是太棒了！太棒了！老师，我们还能再去一次吗？”

“嗯……也许吧！”大嘴老师一边忙着打开大百叶窗一边说。

“我的的确确感觉到有水花，还有，我在脚边发现了这个。”连姆说。

现在屋子里又和刚才一样明亮，所以大家都看清了连姆手里拿的那个像巨型冰激凌般的又大又白的东西。大嘴老师一看，眼睛差点儿都快瞪出来了。

“这可是巨齿鲨的牙齿。这颗牙一定是在它们搏斗的过程中被打落，然后不知怎么穿过虚拟世界与现实世界的时空界面墙跑进来的。”大嘴老师分析道。

“一定是这样！看，还沾了这么多水！”连姆放下那颗牙齿，然后解开他那双湿漉漉的鞋子。

大嘴老师拿起那颗牙，举着让大家看。

大嘴老师笑着说：“还记得我提起过刚刚去过的那个地方最终变成了美国的加利福尼亚州吗？其实，那就是如今的鲨鱼牙山，一个最容易找到鲨鱼牙齿的地方，同时它还是科学家们挖掘古代化石的场所，例如说鲸的化石，鼠海豚、海狮、乌龟和海豚的化石。当然还有那些可怕的鲨鱼的牙齿。”

“他们也挖鲨鱼化石吗？”丹尼尔问。

“几乎没挖到过，因为鲨鱼的骨骼是由橡胶一样的软骨组成的，并不能像其他鱼的硬骨那样形成化石，所以鲨鱼化石十分罕见。但是鲨鱼的牙齿是由硬骨组成的，所以能够以化石的形式保存下来。”

“这些牙很难找吗？”西蒙问。

“现在恐怕是很难。”大嘴老师答道，“但是过去，人们在挖土的时候，甚至在散步的时候就能发现它们。那时，人们还以为它们是龙的牙齿呢。还有人

认为，是雷公公在下雨打雷时从天上抛下的‘雷石’呢！对了，有谁愿意亲手摸一摸这颗牙吗？”

几乎每个人的手都飞快地举了起来。大家纷纷嚷着：“老师，我！我！我！”我最后一个摸到了那颗牙。

“要知道它可是出自一个庞然大物啊！”大嘴老师说。

“那么，巨齿鲨到底有多重呢？”我问道。

“没有人确切地知道。不过科学家们从牙齿的大小分析出，它至少也有20吨，差不多等于10辆小汽车的重量。”

“那就对了！它是食肉动物嘛。”听我这么一说，大家都乐了。

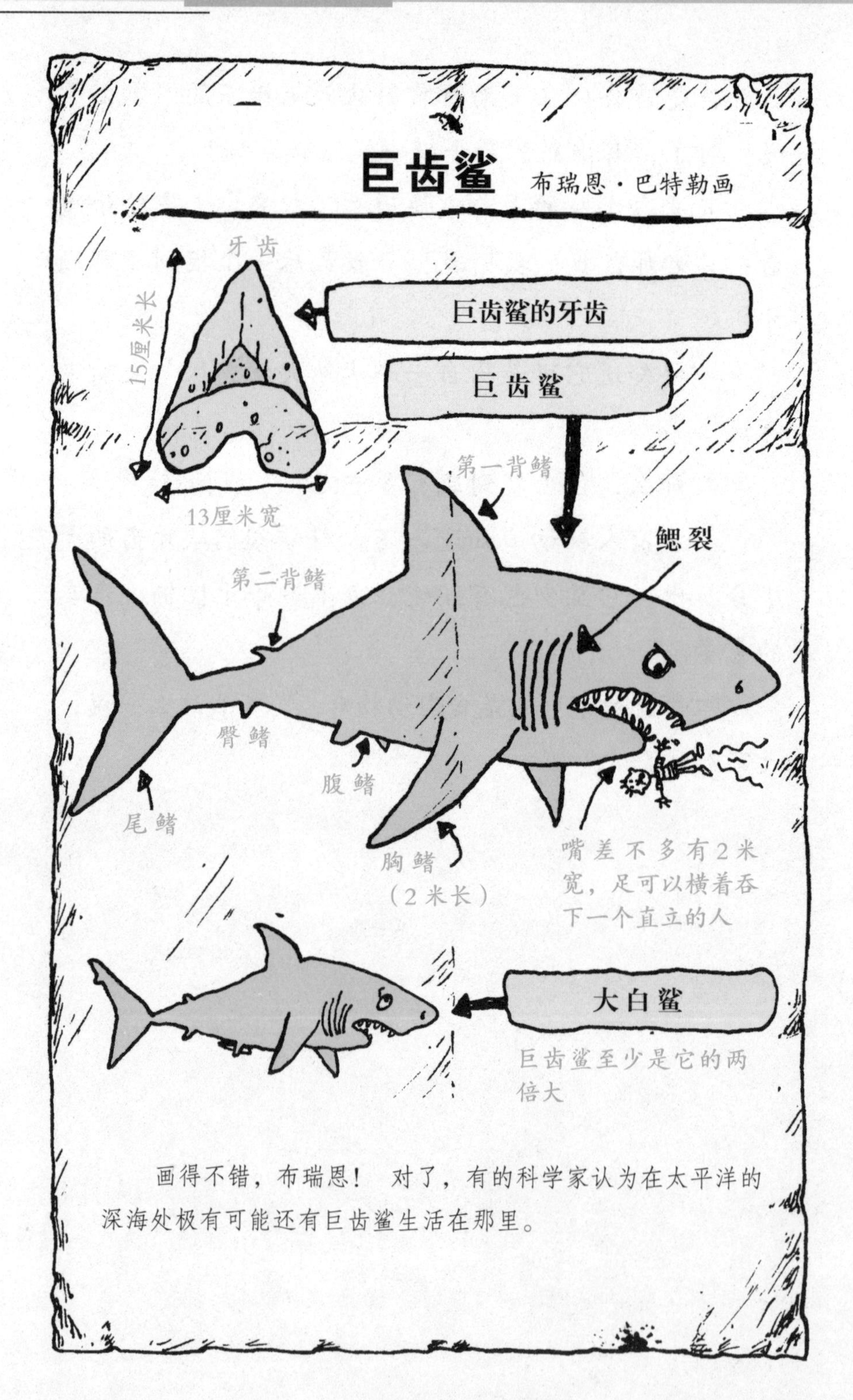

画得不错，布瑞恩！ 对了，有的科学家认为在太平洋的深海处极有可能还有巨齿鲨生活在那里。

充气的西摩

下课后，大嘴老师从被他称之为“魔法口袋”的大提包里掏出一个看上去像个大帆布口袋一样的东西。

“我很高兴让你们见识见识西摩。”说着他把那个帆布口袋举到我们面前，说，“西摩是头鲨鱼。”

“可我看它像个带斑点的口袋。”丹尼尔说。

“那是你的看法。”大嘴老师把帆布口袋和一个小气筒连上，然后啪的一声打开了开关。口袋立刻快速膨胀起来。

“大家一起数到30。”大嘴老师说。

我们一起数着：1，2，3……数到30时，一个巨大的充气鲨鱼浮在我们上方。

当我们都仰着脑袋盯着“西摩”看时，大嘴老师拿起一个小棒，开始给我们讲西摩身上有趣的部位。“西摩是一种常出现在加勒比海海岸的鲨鱼。它的身体呈典型的橄榄球形或者也可以说是鱼雷形。人们一提到鲨鱼，首先想到的就是这个形状。但是，请记住，鲨鱼和小孩子一样，个头儿和样子各不相同，有的身材扁平，有的细高挑儿，有的奇形怪状。”

丹尼尔看了看连姆，说道：“没错！有的小孩长得真是奇形怪状哩。”

“你给我当心点儿！”连姆回敬道。

大嘴老师手中的小棒滑过西摩的侧面，接着讲解道："西摩的身体是典型的流线形，前面圆，后面尖。这样，它就能在水中毫无阻力地游来游去。大家都听明白了吗？"

"毫——无——阻——力！" 我们一起重复道。

"嗯，很好！"大嘴老师兴奋地原地转了好几个圈。过了一会儿，他指着西摩的脑袋说，"西摩的眼睛里有一个特殊的反射层，使它能在黑暗中看得见近处的物体。但是和大部分鲨鱼一样，它的视力处于近视和弱视之间，不过它超常的听觉弥补了这个缺陷，它能听见300米以外极细微的声音。"

“不，它有耳朵的。它的耳朵长在脑袋里面。你们想想，它要是当真长了一对硕大的耳垂的话，那才成问题呢。”

“是的！那样就会大大降低它在水中的推进速度。”西蒙答道。

“会影响它的速度的。”凯莉跟着补充道。

“完全正确！”大嘴老师肯定地说，“还有，用耳朵听并不是西摩搜寻猎物的唯一方法。在它身体两侧，各有一排非常敏感的压力点，又称侧线。这两条侧线就像是一对拉得长长的小耳朵一样，能够感受到最微小的震动，任何好吃的海洋生物都休想从它身边悄悄溜走。所以它不仅能听声音，还能感觉声音。它能感觉到一公里外一条受了伤或正在挣扎着的鱼的动静。”

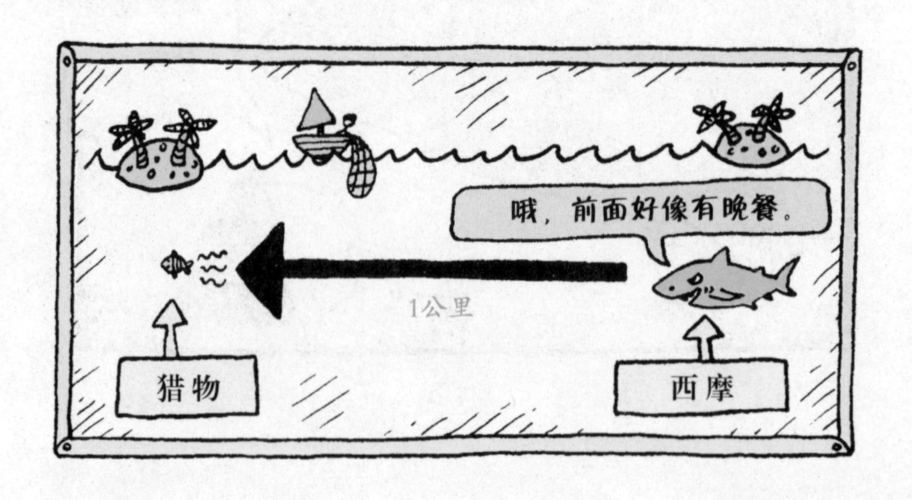

西摩的嘴巴好像张开了，然后又狠狠地合上。对于一头充气鲨鱼来说，这已经是很了不起的把戏了。这让我们更形象地联想到被它咬上一口会多么可怕。

“为了确保不漏过任何美味，”大嘴老师继续说道，“西摩脑袋上还有这些填满了胶状物的小孔，它们能捕捉到所有生物发出的信号，不管它们是多么细微。”

“可怜的鱼儿，它们就没有藏身之地了吗？”连姆万分同情地问。

“的确没有。”大嘴老师答道，“一旦追捕开始，西摩就靠它那强有力的尾巴以自己需要的速度在水中前进。它的尾巴和身体后半部分一起左右摆动，它冲破巨浪的力量真是令人难以置信，它可真是大海的精灵呀。”大嘴老师独自陶醉地笑了起来，没表现出一点儿同情心。大家都气得直哼哼。

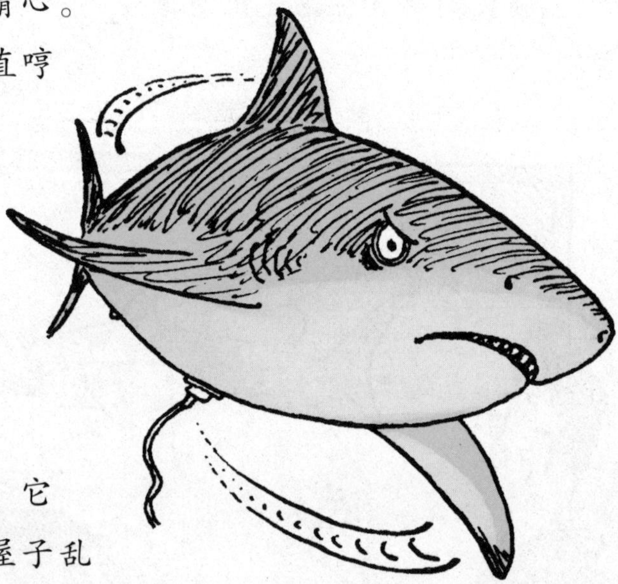

突然，西摩左右摆动着尾巴，朝着教室后面冲了过去。

“老师，它为什么不满屋子乱跑呢？”莱克斯米问道。

“这个，”大嘴老师说，“你指的其实就是水手们常说的偏航。”

“是吗？”

“是的，”大嘴老师肯定地说，“它从不偏航，因为它有这个！”他指着西摩背上的一个巨大的三角形鳍接着说，“这是它的背鳍，也就是鲨鱼游水时露在外面的那部分。它能够使鲨鱼身体前部和中部呈直线前进，就像是船的龙骨一样。”

“那么这些是什么东西呢？”凯莉指着西摩身体上伸出的一个个巨大的鳍问道。

“噢！它们叫胸鳍，就像鸟的翅膀一样，用来转向、游弋和‘刹车’。”

“它可真是应有尽有啊!”西蒙羡慕地说，“一个好猎手和一个游泳健将应具备的一切素质它都具备了。”

“说得很对！”大嘴老师表示赞同。然后他看了看表，说道,“好了，时间也差不多了，得去见见我们的第一位客人了。不过，我得先给西摩放气。大家注意，它会往前冲。”说着，他拔掉了西摩身后的气塞。只听嗖的一声，西摩以每小时几百公里的速度，如子弹一般地穿过教室。

紧接着，只见西摩一头撞到存储柜的柜门上，然后像一堆皱皱巴巴的破烂一样瘫在了摆放美术作品的角落里。2分钟后，它就重新回到大嘴老师的魔法口袋里去了!

25

鲨鱼的构造
莱克斯米·莎玛和祖·汤普森画
1
鲨鱼骨由有柔韧性的软骨构成。我们的鼻子也是由软骨组成的。
2
鲨鱼皮肤上覆盖着被称做"盾鳞"的东西。它们摸上去很粗糙，能够起到保护鲨鱼的作用。
鲨鱼
鱼鳞
鱼
硬骨骨骼
3
鲨鱼和普通的鱼不一样，它们没有一种叫"鱼鳔"的东西帮助它们浮起来，所以有些鲨鱼得不停地游，一停下来，它们就会下沉。

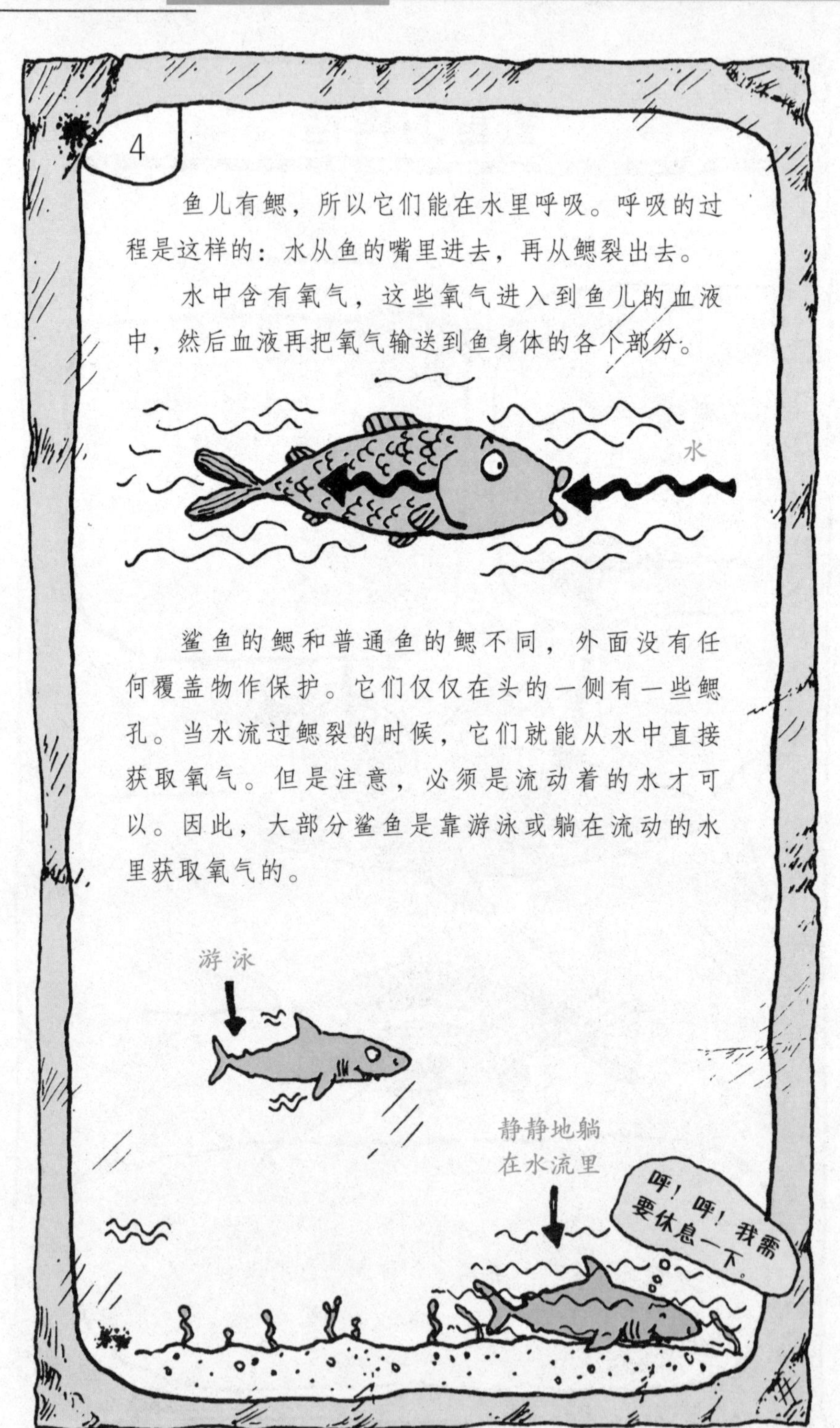

鱼儿有鳃，所以它们能在水里呼吸。呼吸的过程是这样的：水从鱼的嘴里进去，再从鳃裂出去。

水中含有氧气，这些氧气进入到鱼儿的血液中，然后血液再把氧气输送到鱼身体的各个部分。

鲨鱼的鳃和普通鱼的鳃不同，外面没有任何覆盖物作保护。它们仅仅在头的一侧有一些鳃孔。当水流过鳃裂的时候，它们就能从水中直接获取氧气。但是注意，必须是流动着的水才可以。因此，大部分鲨鱼是靠游泳或躺在流动的水里获取氧气的。

安·乔维和她的3头可怕的鲨鱼

大嘴老师走到存储柜前，在柜门上轻轻敲了两下。然后一个女人就走了出来，不，应该说是游了出来。她的胳膊和腿一伸一曲，就像在游蛙泳一样。

“孩子们，你们好！”她摘下了潜水面罩，“我叫安·乔维。”说完话后，她的嘴还在一张一合，但却什么声音都没有，简直就像鱼一样。“我是鱼类学家。”她接着说，“也就是说，我专门研究鱼类。我最感兴趣的就是鲨鱼。真想把所有种类的鲨鱼都给你们说一说啊！但由于时间的限制，我就先给大家讲讲我最喜欢的3种吧。让我们从这个小家伙开始。”

她对着教室里的大鱼缸拍了拍手，这时，我们班养的两条金鱼维克和鲍波不见了，另一个小东西出现了。

“咦，它浑身发着明亮的绿光。它是不是得病了？”凯莉问。

“不，这是它的诱饵。当大的海洋生物，像海豹、鲸或者是海豚看到这幽灵般的绿光闪耀在浑浊的深海时，它们会觉得很好奇，就会游上前来看个仔细。这时，这个小怪物就会发起攻击了。看着！”

安从她的潜水服中掏出一条装有发条的橡胶鱼。她上紧了发条，然后把这条可怜的橡胶鱼扔进了鱼缸。在鱼落到水中的那一瞬间，达摩鲨就冲了过去：

它的嘴像吸盘一样，紧紧咬住橡胶鱼身体的一侧，咬住了之后就开始旋转。

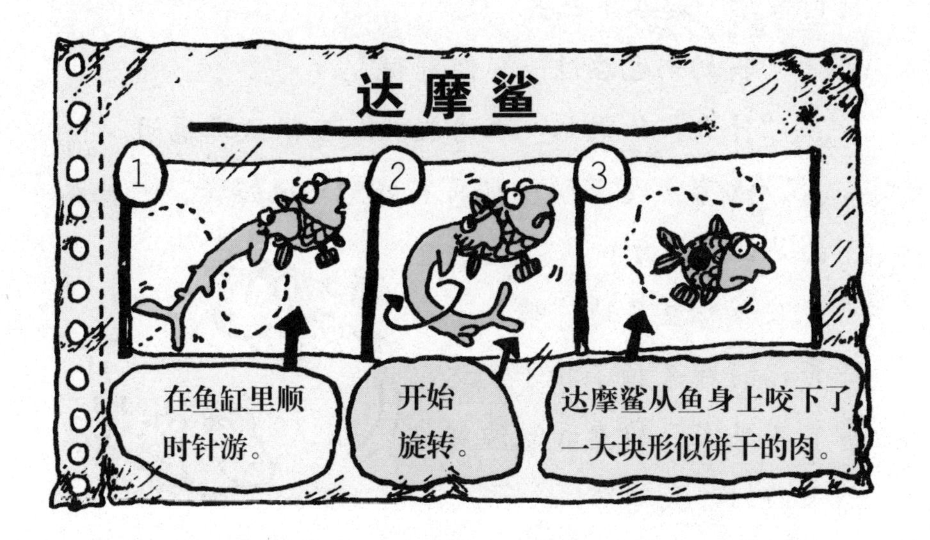

“哇！”祖惊呼道，“就像是在面团上切饼干一样。”

“这就是为什么人们叫它达摩鲨的原因了。”安一边说，一边把她那上了发条的鱼从鱼缸里拽出来，“一般说来，被达摩鲨咬了之后，这些可怜的鱼儿就带着洞一般的伤口游走。少数情况下，它们尚能存活，但多数情况下，血的味道会把其他的鲨鱼吸引过来，招致杀身之祸。”

“哇，达摩鲨太残忍了！”布瑞恩很是愤慨。

“残忍？我才说了一半呢！”安继续说道，“虽然只有40厘米长，但它们甚至能袭击潜艇，把艇上检测声音的橡胶圆盖大块大块地咬下来。有时候，达摩鲨用力太猛，以至于牙齿都被硌掉了，可它们就那么连肉带牙一起吞下肚去。”

“我奶奶也吞过。”凯莉说。

“什么，你奶奶？吞潜艇？”安很认真地问。

“没有，没有！”凯莉不好意思地解释，“她吞下的是她的假牙！”

安如释重负地“哦”了一声，随即又拍了拍手。达摩鲨不见了，维克和鲍波突然又回到了鱼缸里！

“OK，我们接着来看看下一位客人！它就在那边等着你们哪！”安冲着美术角的一个大水槽点了点头，大家都争相跑过去，想看看里面到底有什么。我是第一个跑到那儿的。

“不，不是。”安连忙纠正我，“这叫毯鲨（又称斑纹须鲨），是澳大利亚的土著人给起的名字。这头鲨鱼还很小，但长成后能有3米多长。毯鲨一般生活在澳大利亚北部的新几内亚岛。”

“它危险吗？”莱克斯米小心地问安。

“假如你是螃蟹、鱼或是章鱼的话，那就很危险，因为毯鲨会把一半身子埋在河床底下，潜伏在那里。当螃蟹呀、鱼呀什么的游过时，它就会把它们吸过来，用自己针一样的牙齿咬住它们。虽然人并不是毯鲨的主要攻击对象，但是由于它伪装得太巧妙了，有的时候人们会不小心踩到它，并被咬伤。所以，我得在你们这些冒失鬼还没有被咬着之前快点让它消失。”她拔掉了水槽的塞子，然后水啊、毯鲨啊就都不见了！

“好了！现在来看看三号鲨鱼。”安弯下腰，抓住地板正中的一个铜环，一使劲便拔了出来。（以前，我们谁都没有注意到那里还有个铜环！）半秒钟前还是地板的地方现在变成一个漾着碧蓝色海水的深洞。我们都倒吸了一口气，然后忍不住尖叫起来，因为不知是什么东西噌的一下子从洞里蹿了出来，砰的一声重重地落在地上。

“一个怪物，是吧？”安对我们说道，“这叫格陵兰鲨，生活在北极地区。这些鲨鱼一般能长到7米多长。居住在格陵兰岛上的人们对付它们很有一套。他们先在冰上打洞，然后在水里吊一小块圆木。当鲨鱼咬住木块上岸后，人们就用鱼叉叉住它。鲨鱼皮可以做鞋子，油可以做灯油、食用油，牙可以做利器，肉可以吃。不过鲨鱼肉有毒，人们往往要煮好多遍才可以去掉毒性。”

“这么说，他们杀了这些鲨鱼啦？”布瑞恩感到很意外。

“是这样，只是格陵兰岛上的人不得不这么做，因为他们得靠鲨鱼来维持生存。这和我们把牛变成牛肉汉堡还有皮革制品是一个道理。”

“难道鲨鱼不该受到保护吗？”莱克斯米望着安问。

“这些鲨鱼是不受保护的。不过，有些鲨鱼，特别是那些被大量捕杀的鲨鱼，还是会受到保护的。”

“一会儿，我们再详细地讲一讲这个问题。”大嘴老师对我们说。

这时，格陵兰鲨扑通一声潜回水底，说时迟那时快，安赶紧把地板盖回了原处。

“OK，我的3头鲨鱼讲完了，现在轮到你们了。也许你们中有人想问我关于某种鲨鱼的问题。”

“那我就问了。”祖看了看大嘴老师，满脸坏笑地说，“我听说有一种鲨鱼叫巨嘴鲨鱼，您能给我讲讲吗？”

“没问题。”只见安冲着教室门上方玻璃盒子里的鱼标本摆了摆手。这时，奇怪的事情发生了！玻璃盒子开始变大，那条死鱼模型也变了样。当它变得有教室的一半宽时，它看上去就是下面这幅图的样子。

“这就是巨嘴鲨鱼!”安对我们说。

“它可真长啊！”西蒙惊叹不已。

“是的，差不多有5.5米。也许你们会认为这个大块头儿的家伙这么显眼，人们肯定很了解它们。但事实上，直到1976年人们才知道了它的存在。当时在夏威夷附近的海域，人们发现了一头巨大的鲨鱼和一艘美国战舰的锚缠在了一起。一看到它那张血盆大嘴和肥阔的嘴唇，人们马上就给它取名为巨嘴。”

大嘴老师笑了笑，有点不好意思地问：“嗯，我们，哦，对不起，是它们，它们危险吗？”

“它们对人类没什么危险，但对于浮游生物、

虾，还有水母们来说，它们是很危险的。”

“巨嘴鲨的上颚里面是荧光体，和达摩鲨一样，在黑暗中会发光。据说这是用来吸引猎物的。迄今为止，我们只发现了14头巨嘴鲨，不过这些发现已经让我们的海洋生物学家们兴奋不已了，因为这意味着在深海，一定还有更多奇奇怪怪未为人知的鲨鱼和海洋生物。正因为如此，我现在该回到海里去了。”

说着，安打开教室地板上的活板门，戴上潜水面罩，纵身跳了进去，片刻间不见了踪影。

“哇！”我们都羡慕得不得了。

“激动人心吧！”大嘴老师一边关好活板门一边对我们说。

“真是太棒了！可是，”我指了指玻璃盒子里面的巨嘴鲨问，“大嘴老师，我们该怎么处理它呢？”

“小事一桩。”他一边说一边冲着巨嘴鲨眨眨眼，巨嘴鲨也冲他眨了眨眼。又过了一会儿，巨嘴鲨不见了，里面只有那只小小的淡水鱼标本。“没错，那正是我们的鳟鱼！”大嘴老师笑了起来。

看到了吧，就像我跟你说过的那样，在皮克尔山小学，什么事情都是有可能发生的。

白真鲨
西蒙·希德沃夫画
这种鲨鱼有时能在水里游上几百公里，袭击犀牛还有水边戏水的人。
鲨鱼！
啊！
乌翅真鲨
凯莉·尼布莱特画
这些鲨鱼有时候成群结队地集体觅食，它们先把鱼儿赶到浅水域，再把它们赶上岸。等鱼儿在沙滩上乱蹦乱跳时，它们就一拥而上，饱餐一顿。
白边真鲨
丹尼尔·梅普森画
它们堆成一堆在洞里睡大觉，真是怪！
ZZZZZZZ…

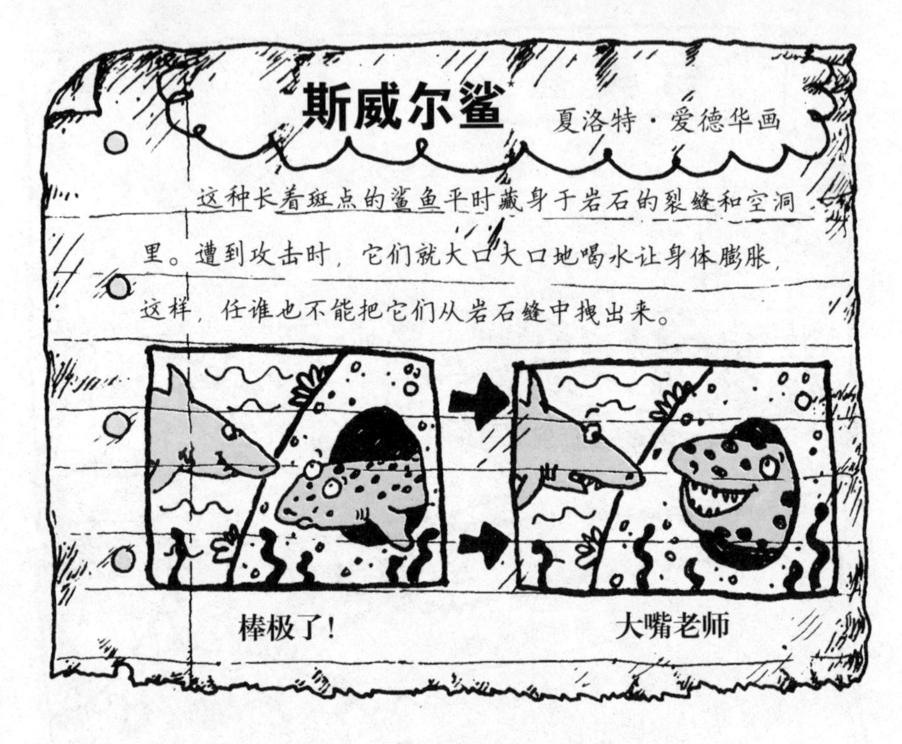

★ 斯威尔鲨，Swell Sharks 的音译。

潜水去

“OK！大家注意了！现在我们要跳水了！”大嘴老师说道，“每个人都要捏着鼻子，在脑中想象你们正在冲那种老式的冲水马桶。现在大家一起做一个拉冲水马桶链子的动作！”

我们都照着大嘴老师的话去做了，随后就发生了不可思议的事情。教室开始轻微地晃动，2秒钟后，有水波轻轻地拍击着教室的窗框。10秒钟后，水已经没过了窗户。透过窗子，对面的操场啊、鸟啊、灌木丛还有大楼什么的，都开始打起圈圈，越来越模糊了。

20秒后，周围的鸟儿变成了鱼，灌木丛变成了水草，大楼变成了岩石。

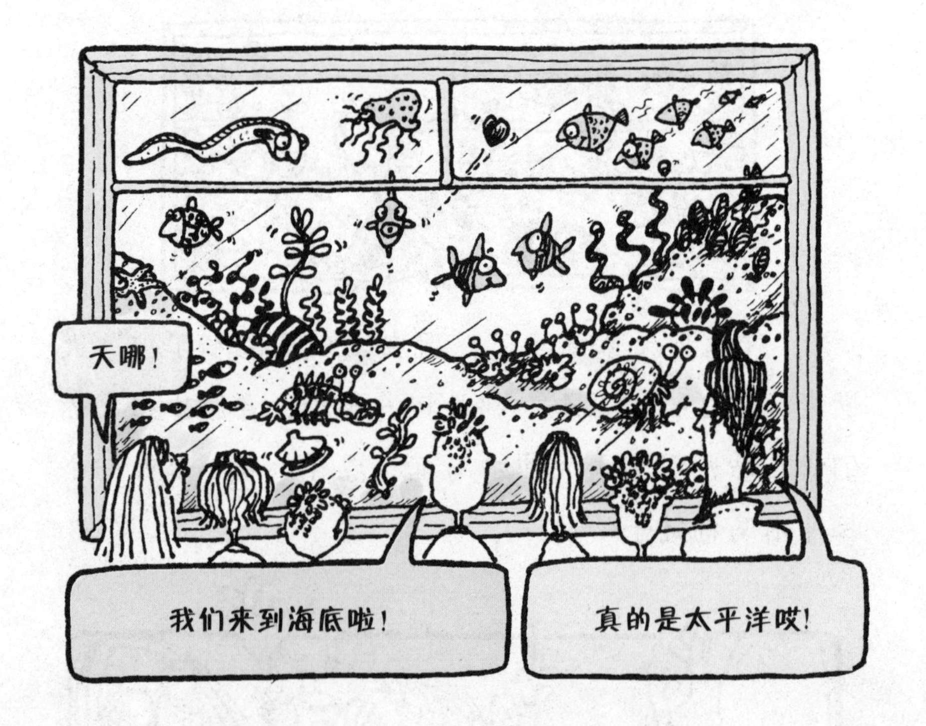

“刚开始大家也许会有些害怕，但是记住，一定要保持冷静。还有，无论发生什么情况都不能把门打开！”大嘴老师对我们千叮咛，万嘱咐。

“要是有人真的想去厕所怎么办？”布瑞恩不放心地问。

“那只能憋着，没别的办法。”大嘴老师无奈地耸了耸肩。这时，一只大海龟游了过来，一个体型庞大、钝头钝脑的灰色家伙紧紧地尾随其后。

“老师，那是什么？”布瑞恩问。

“那是一头鼬鲨，在跟踪它的午餐。看啦！它转回来了！”

它的确是折回来了，隔着窗子，游上游下地盯着我们看。我想它一定有教室一半那么长。突然间，它注意到了坐在椅子上的西蒙。只见它游到西蒙这边的窗口，恶狠狠地盯着他看。西蒙吓得像冻僵了一样。“我要回家！我要我妈妈！”他求救般地看着大嘴老师。

“鼬鲨想吃午餐呢！好啦好啦，没事的！你看，窗玻璃都是加固的防震玻璃。小偷啊，坏蛋啊谁都进不来。”大嘴老师安慰西蒙。

“是啊，西蒙，别哭了！”凯莉好像有些不耐烦，“大嘴老师，它为什么叫鼬鲨呢？它的条纹在哪儿呢？”

“鼬鲨只有在小时候才有条纹，而这是一头成年的雄性鼬鲨。鼬鲨十分强大，也很凶残。在大白鲨、白真鲨和鼬鲨中，潜水员最怕的就要算鼬鲨了。它们的牙锋利无比，就像开罐器一样，能一口咬碎一只海龟的壳，就像吃印度薄饼一样。”

话音刚落，就见鼬鲨张开了血盆大口，它那可怕的钩子牙离西蒙的鼻子仅有10厘米左右。西蒙吓得嗷的一声，瘫坐在椅子上。

“老师，我想西蒙一定晕过去了！真可惜，我没法用尺子敲这怪物的嘴。”凯莉遗憾万分地说。

“就算你敲着了，它也感觉不到。它的皮要比水牛皮厚10倍。但是假如你使劲按它的背部或背鳍，它就会停止游动，马上潜到海底。”

这时，一个潜水员出现在我们眼前，只见他开始轻轻地挠鼬鲨的背鳍。

“我敢打赌它们不吃猫粮！”布瑞恩插话道。

“这可不好说。除了最爱吃大鱼、海龟、海豚和海狮，你们一定不知道它还吃什么。接着看下去，你们肯定会大吃一惊的！”大嘴老师挥了挥手，鼬鲨就游开了。不一会儿，一位女潜水员手里拿着个牌子，出现在窗前。

这位潜水员看上去好面熟啊！可不是嘛，她不是别人，就是我们学校食堂的大厨——普雷特夫人。这时，普雷特夫人又打出了一块牌子：

一转眼，一大群食堂工作人员都游了过来，手里拎着千奇百怪的东西：

鼬鲨的肚子里还有三件外套、一件雨衣和一本驾照！
我想应该是潜水证吧！
哇！
猪、牛、羊
香烟盒
一袋煤
啤酒瓶子
网球鞋
三文鱼豌豆罐头
半只鳄鱼
一袋钱
宠物猫、宠物狗

“它们吃过人吗？”西蒙感觉好了点，问道。

“当然，人体的各个部分它都吃。”大嘴老师回答，“曾经有一头鼬鲨被渔网捉住后送到澳大利亚的海洋馆。它到那儿做的头一件事就是把早饭都吐了出来，里面有死耗子，有鸟，还有手腕上缠着绳子的人的胳膊！那只胳膊上还有文身呢！后经警方辨认那竟然是一个土匪头子的胳膊。他的仇家杀了他，还把他切成一块一块的，放在一个箱子里，只有胳膊放不进去，他们就在胳膊上绑了一块大石头，扔到了海里。如果不是鼬鲨把它整个吞下去的话，再聪明的人也想不到鼬鲨会吃人。”

“哇！”大家又喊了起来。

大嘴老师接着说：“人们把鼬鲨称为会游动的垃圾箱。这下你们该明白是为什么了吧。它们还真喜欢吃垃圾食品，不是吗？”

“绝对是！如果一个人吃了那么多垃圾食品的话，肚子一定会很难受。老师，难道鼬鲨就不会肚子痛吗？”我问。

“嗯，如果非常难受的话，鼬鲨会用一种很特别的方法。呵呵，我想你们一定不想听。”大嘴老师卖起了关子。

“我们想听！我们想听！”大家央求着，“大嘴老师，告诉我们吧！”

“那好吧！”大嘴老师快速转了一个圈，然后说，“它会把自己的胃里外翻个个儿，然后从嘴里吐出去，这样一来，胃里的东西自然都翻到海里了。”

“不，是真的！你想想，如果吞下了一大块海龟壳的话，它们也只有这样才能把龟壳弄出来了。我想这就和我们把塑料垃圾袋从垃圾箱里拿出来清空是一个道理。”

“哈哈！鲨鱼可真怪！”我忍不住笑了起来。

“它们就是很怪！”大嘴老师朝窗户那边看了一眼，“噢！天哪！看看这是什么！”

我顺着大嘴老师的视线看过去……不禁倒抽了一口冷气。天哪！3个样子古怪极了的家伙正朝教室方向游过来，大嘴老师说它们有3.5米长，样子看上去就像是从脑袋两侧塞进去了一个长滑板似的，而它们的眼睛则分别长在滑板的两头。游过来的时候，它们那可怕的长滑板形的大脑袋不停地左右甩来甩去。

“它们是大头鲨家族中的成员之一。大头鲨家族包括窄头双髻鲨和锤头双髻鲨。”大嘴老师解释说，“我们现在看到的比噩梦还要可怕的怪物叫双髻鲨。它们应该算是大头鲨当中的大个儿了，但还不是最最大的。有一种大头鲨长1.8米，脑袋足有1米多宽呢。”

“真难想象人要是两眼分开那么远时该怎么看东西！我还从来没见过像双髻鲨这样的怪物。它们能同时向两个方向看吗？”我问大嘴老师。

“当然，但因为两眼之间距离实在太远，它们的大脑中得到的常常是两幅截然不同的画面。所以，它们得仔细思考一番，把两幅画面结合到一起，才能明白自己看到的是什么！”

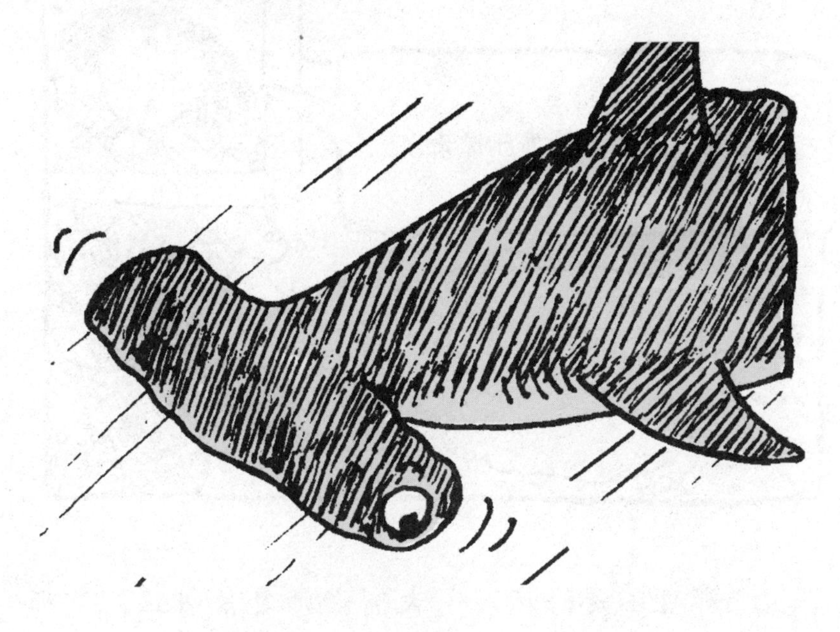

“它们好难看啊！”我说。

“应该说有个性！”大嘴老师似乎在为它们辩护。

“老师，还有，它们为什么要把脑袋甩来甩去？”我问。

“那是为了看清楚方位，同时也是在寻找自己爱吃的鲇鱼和魟鱼。我看离我们最近的这条可能已经找到了猎物。”

大嘴老师说得果然不错，只见这几头双髻鲨离海底越来越近，它们游上游下，长脑袋甩得也越来越快。

“那可不是海床。”大嘴老师赶紧纠正，“那是乔装打扮的一头大魟鱼，它可是双髻鲨的最爱了。它肯定一直躲在沙子里，希望能逃过劫难。唉！太晚了！你们看，双髻鲨发现它了！”

“应该说是盯住它了吧！”丹尼尔反驳道。

说话间，双髻鲨已经捉住了大魟鱼，然后用大脑袋把它死死地钉在海底。魟鱼拼命挣扎，身子扭来扭去，但一切都是徒劳的，它已经被死死抓住，逃不掉了。突然，魟鱼尾巴猛地一甩，一根长长的刺一样的东西扎到了鲨鱼的头上。

“那是什么？”连姆问道。

“它想用毒刺来保护自己。”铁锤头老师，不，是大嘴老师说道，“但那完全是徒劳的。要是人或其他动物被它扎一下，那一定会很痛，但这一招对双髻鲨根本不管用。人们曾在一头双髻鲨身上发现过96根毒刺呢！”

看来大嘴老师说得没错。一会儿工夫，只见双髻鲨迅速扭过头，一口咬掉了魟鱼的胸鳍。啊！我扭过头去，不敢看它如何把魟鱼活生生吃掉。

“哦！可怜的家伙！”祖大喊道，“太可怕了！它一定痛苦到了极点！”

“这就是大自然！魟鱼对待自己的猎物也一样残酷。”大嘴老师看了看表，接着说，“看着这些生吞活剥的场景，我的肚子也饿得咕咕叫了。还有10分钟就下课了，今天中午我希望大家都能留在学校吃午饭。我们该离开这里了！”

“哦，不！”我们一起求大嘴老师，“非走不可吗？”

“非走不可！”大嘴老师说完后又冲着我们咧嘴一笑，说，“那好吧，临走之前，我们再看看老虎鲨吧。”

教室又开始轻轻颤动。大家都感到胃被提到了半空中。那种感觉和平时坐电梯快速上升时一样。

“咱们上去了！我想我要吐出来了。”西蒙难受地说。

“哈哈！西蒙，吐的时候可千万不要像鼬鲨那样把胃翻到外边吐啊。”大嘴老师开玩笑地说。

突然，好多海洋生物飞速地从窗前游过，有鱿鱼、颜色鲜艳的蝴蝶鱼、老虎鲨，还有三四只看上去很小的双髻鲨。

“它们才没有那么傻呢。”大嘴老师说，“许多成年的双髻鲨吃小鲨鱼，这就是为什么鲨鱼妈妈总是去很僻静的地方生鲨鱼宝宝。有时候，鲨鱼妈妈甚至会错把自己的宝宝当成食物吃掉。”

“老师，鲨鱼一般有多少宝宝呢？”我问。

“事实上，我们管鲨鱼宝宝叫幼鲨。”大嘴老师答道，“不同种类的鲨鱼产宝宝的数量也不同。双髻鲨一次能产40多头小双髻鲨，而老虎鲨一次能产10到80个宝宝。”

“好多啊！”祖惊叹道，“那么多的宝宝，鲨鱼妈妈怎么照顾得过来呢？”

“它们根本就不照顾。小鲨鱼们只能自己照顾自己。”

“哦！这些可怜的小东西！”凯莉很是同情。

“不过也没有那么糟啦！小鲨鱼们一出生，就能游水捕食，基本上也能照顾好自己。”大嘴老师补充道。

“那岂不就和小孩子从妇产医院一出来就能上班工作、下班后买菜、到家自己做饭一样吗？”祖开了个玩笑。

“真要是那样就好了。”大嘴老师一边笑，一边轻轻敲了敲窗户。这时，窗外碧蓝的海水不再涌起浪花。片刻之后，灰秃秃的操场又出现在我们面前。那些五光十色的海洋生物们瞬时都不见了，眼前只能看到操场上唧唧喳喳的孩子们。

“看来他们没等我们下课就先吃午饭了！”大嘴老师说。

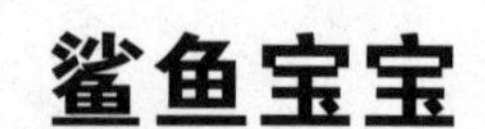

凯莉·尼布莱特和西蒙·希德沃夫画

大部分鲨鱼宝宝都是胎生，不过也有一些是卵生的。

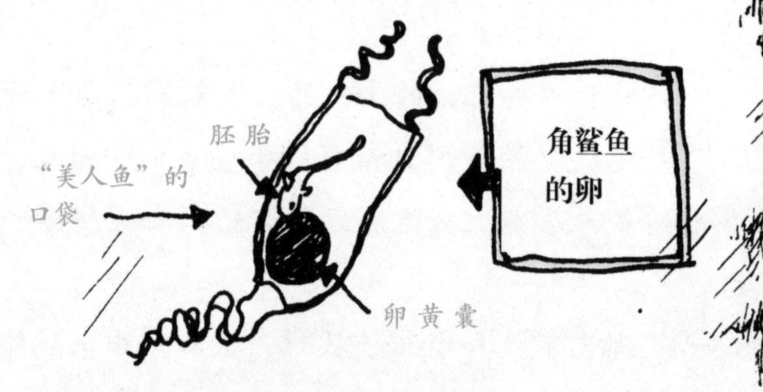

刚刚出生的鲨鱼卵被冲到岸上。鲨鱼妈妈并不像鸟类那样坐在蛋上孵宝宝。它们排完卵之后就离开了。

杰克逊港口的鲨鱼产下的螺旋形的卵。这种鲨鱼爱把卵产在狭窄的岩石缝隙里。

有些小虎鲨还没出生就死掉了。当它们还在妈妈肚子里的时候，强壮些的小鲨鱼就把其他的宝宝都吃掉，直到剩下最后两个。

长大后，大部分鲨鱼能活到25岁，有些甚至能活到70岁或是100岁！

干得漂亮！一般来说，科学家们通过数鲨鱼椎体上的同心圆的圈数来推算它们的年龄。这和数树的年轮有点儿像。

李师傅的海洋乐园

“今天中午谁回家吃饭？”大嘴老师问。

我们都摇了摇头。“那正好。”大嘴老师狡猾地一笑，说，“如果你们排好队的话，我愿意带你们去，呃，去食堂。”

刚刚看了鲨鱼大快朵颐，我也觉得很饿。大家排好队，我冲到队伍的最前面，打开了教室的门。

几个水手打扮的人正顺着学校的走廊——至少我们认为那是走廊，往前走。可大嘴老师领着我们走出教室的一刹那，

我们就发现自己根本不在什么学校。事实上，我们来到了一个阳光明媚的码头。码头上到处都是些看上去腰缠万贯、衣冠楚楚、趾高气扬的家伙。原来分明是学校围墙的那个地方，现在却摇身一变，成了一个停满豪华摩托游艇的码头。

“哇噢！哇噢！”我们都张大嘴巴，瞪着眼睛，傻愣愣地站在那里。

“老师，这哪里是什么学校食堂，也太豪华了吧！”凯莉回过神来，说道。

“凯莉真是好眼力啊！”大嘴老师一边说一边快速地转了个圈，“你说得没错。咱们现在已经到了美国西海岸一个特别有名的海滨小城。值得一提的是，这座小城离好莱坞不算远。怎么样？喜欢吧？我想你们一定宁愿错过一天学校食堂的饭菜，也不愿放弃来海边改善一下，品尝品尝海鲜的机会吧！”他清了清嗓子，不怀好意地说，“也许，也许你们还真的舍不得食堂的饭菜呢！哈哈！跟我来吧。”

我们跟在他的后面，几分钟后，便来到了一家特别气派的饭店门口。店面是蓝色的，上面画着小鱼的装饰图案。大门修得非常漂亮，是模仿中式城楼的样子造的。门上画的两头跃出水面的鲨鱼栩栩如生，只见招牌上面写着：

我们跟着大嘴老师走进了海洋乐园。这可是我这辈子到过的最最豪华的饭店了。大厅里宾客满座，这些人看上去都像电影明星一样，举止优雅地坐在映着烛光的餐桌前。大厅中央有一个巨大的水箱，里面的鱼各色各样，我们见都没见过。刚一走进去，一个打扮时髦的女招待就迎了过来（她长得和学校食堂的普雷特夫人有点像），对大嘴老师说："下午好，先生，请问您要点儿什么？"

"麻烦给我找张能坐27个人的桌子。"

女招待把我们引到一张巨大的餐桌前，一坐下，大家就忙着翻看菜单。

最后，大家一致决定要喝鱼翅汤。当然，不包括大嘴老师，他只点了一碗蛋炒饭。

5分钟后，女服务员端来26碗鱼翅汤放在桌子上。我们刚要敞开肚皮大吃一顿，大嘴老师发话了："没喝汤之前，你们想不想知道面前这碗汤的来历啊？"

"呃，好吧。我觉得应该。"丹尼尔既然这么说了，我们其他人也都只好跟着点点头。

“那好。”大嘴老师一边说一边朝厨房的方向挥了挥手。

没多久，一个身材魁梧的中国男人操着一把大菜刀走了过来。

“我来介绍一下，这位是李师傅。”大嘴老师介绍说，“他是这家饭店的老板兼大厨。李师傅，您能给我们介绍一下吗？”

“当研！当研！”（当然！当然！）他停了一下，然后说，“嗯，这个，要想做鱼翅汤，首先，得把鲨鱼翅挂在外面太阳下晒干，研后（然后），用水发好，用文火炖，这样鱼翅丝就出来了。炖出来的鱼翅丝有点像粉丝，它们本身没什么味道，所以得加生姜、酱油和干牡蛎，然后再炖得浓稠一点。哈哈哈！当研（当然）了，你们一定还想知道最最开始的时候，这些鱼翅是怎么弄来的，是吧？”

丹尼尔怀疑地看了李师傅一眼，然后吞吞吐吐地说：“是……是的。”没办法，我们其他人也只好跟着点头。

“这个，先是用网把鲨鱼捉住拖上渔船，等鲨鱼一上甲板，渔民们就拿起他们锋利的刀，按住鲨鱼，把它的鳍砍下来，用行话说就是净鳍！”李师傅挥舞着大菜刀说得绘声绘色，我们却看得心惊肉跳。

“天哪！”祖满脸恐怖地说，“在鲨鱼还活着的时候他们就……”

“是的！”李师傅接着说，“是有点脏兮兮的。这些鲨鱼被砍下了鳍后就被扔回大海。虽然还活着，但是没有了鳍它们就没法像从前那样自由地游来游去。由于缺氧，它们最终会沉到海底。当然，这还算是善终的呢。有些鲨鱼会因流血过多而死，甚至被其他闻到血腥味赶来的鲨鱼撕裂。”

我们都瞪着汤碗怎么也吃不下去，仿佛里面盛的是猫屎似的。

“好可怕啊！是不是？”大嘴老师告诉我们，“近10年，喝鱼翅汤成了一种时尚。但是，殊不知有多少被砍了鳍的鲨鱼因此而过早地死去。为了给自己找借口，有的人甚至还造谣，说鲨鱼的鳍有再生的能力，可以再长出来。这纯粹是一派胡言！唉！好了，不说了，大家开吃吧！”

不知是怎么了，看着眼前的鱼翅汤，我一点儿胃口也没有了。当然不光我一个人有这种想法。

一个接着一个地，大家都放下了汤匙，把碗推到了一边。

“我很高兴你们能这么做！”大嘴老师大声说，“因为一来，我个人认为净鳍是很不文明、很不人道的；二来，这家饭店的鱼翅汤很贵的，要100美元一

碗，所以你们这么做省了我好多银子呢!”说完后，他看了看李师傅，说，“您能给我们上26碗炒饭吗？”

“当研！”（当然！）李师傅看上去一点儿也不介意，他咧嘴一笑，还冲大嘴老师眨了眨眼。

2分钟后，正当我们狼吞虎咽地吃着炒饭的时候，大嘴老师又问道：“有谁知道，每年被鲨鱼吃掉的人有多少？”

“应该有几百吧！”丹尼尔随口答道。

“错！事实上，每年全世界加起来还不到12个人。”大嘴老师更正道。

“一年才12个人啊！真的只有这个数吗？”祖不死心地问。

“就这么多。”大嘴老师回答，“但是你们可知道每年被人类吃掉的鲨鱼有多少吗？”

“嗯，有1000条？”莱克斯米说道。

“不对，比这个数要多。”

“1万条？”连姆又猜。

“告诉你吧，连姆，如果我问一分钟被杀掉的鲨鱼有多少，你的答案就对了。但是要问一整年的话，那么答案是1亿头，或者，换种说法，那就是一天25万条。”

“啊！有那么多！”我们都惊呼起来，“太可怕了！”

“的确很可怕。”大嘴老师又说，“有些鲨鱼丧了命，是由于自己不小心被渔网缠住了；还有些，是出于人们的不同需要。但更有些人，他们杀掉鲨鱼仅仅是为了找乐趣。”

“您指的是？”丹尼尔还没有听明白。

“有些人专门参加各种捕鲨竞赛，还把这些竞赛美其名曰运动。捉住鲨鱼之后，他们把鲨鱼头砍下来当战利品，剩下的部分就扔到附近的垃圾场。他们这么做，仅仅是为了证明自己有多么勇敢多么强悍。哼！”大嘴老师越说越气愤。

“呀！太恶心了！”西蒙也感慨万分地说。

“小家伙们，可以吃主菜了！”一个熟悉的声音在耳边响起。

我们都扭过身，原以为能看到那位时尚的女服务员，没料到是普雷特夫人！

“普雷特夫人！”丹尼尔喊道，“您来美国干什么？”

“我可没去什么美国。我就在英国，皮克尔山小学。你们也一样。”

普雷特夫人说得没错。因为，就在我们听大嘴老师说话的时候，那家气派而豪华的饭店不知不觉间已经变回学校的食堂了。那些迷人耀眼、长得像明星的人们也都不见了，只有一堆一堆挤在一块儿边吃饭边聊天的小学生们。

鲨 鱼
为了让大家对用鲨鱼制成的商品有一个更深刻的认识，我们画了这条巨大的鲨鱼。
鲨鱼食品
鲨鱼肉：猫粮、农场用的动物饲料、化肥。
鲨鱼的软骨：人造皮肤（特别帮助那些有烧伤的人）、药（据说可以治好多病）。
鲨鱼皮：时髦的鞋子、皮夹、手袋、皮带、夹克。过去，鲨鱼皮被称为鲨革，由于很粗糙，所以被用来刨光木材，还可以擦船甲板。日本武士的剑柄上就包了一层鲨鱼皮，以防剑柄沾上血之后会发滑。

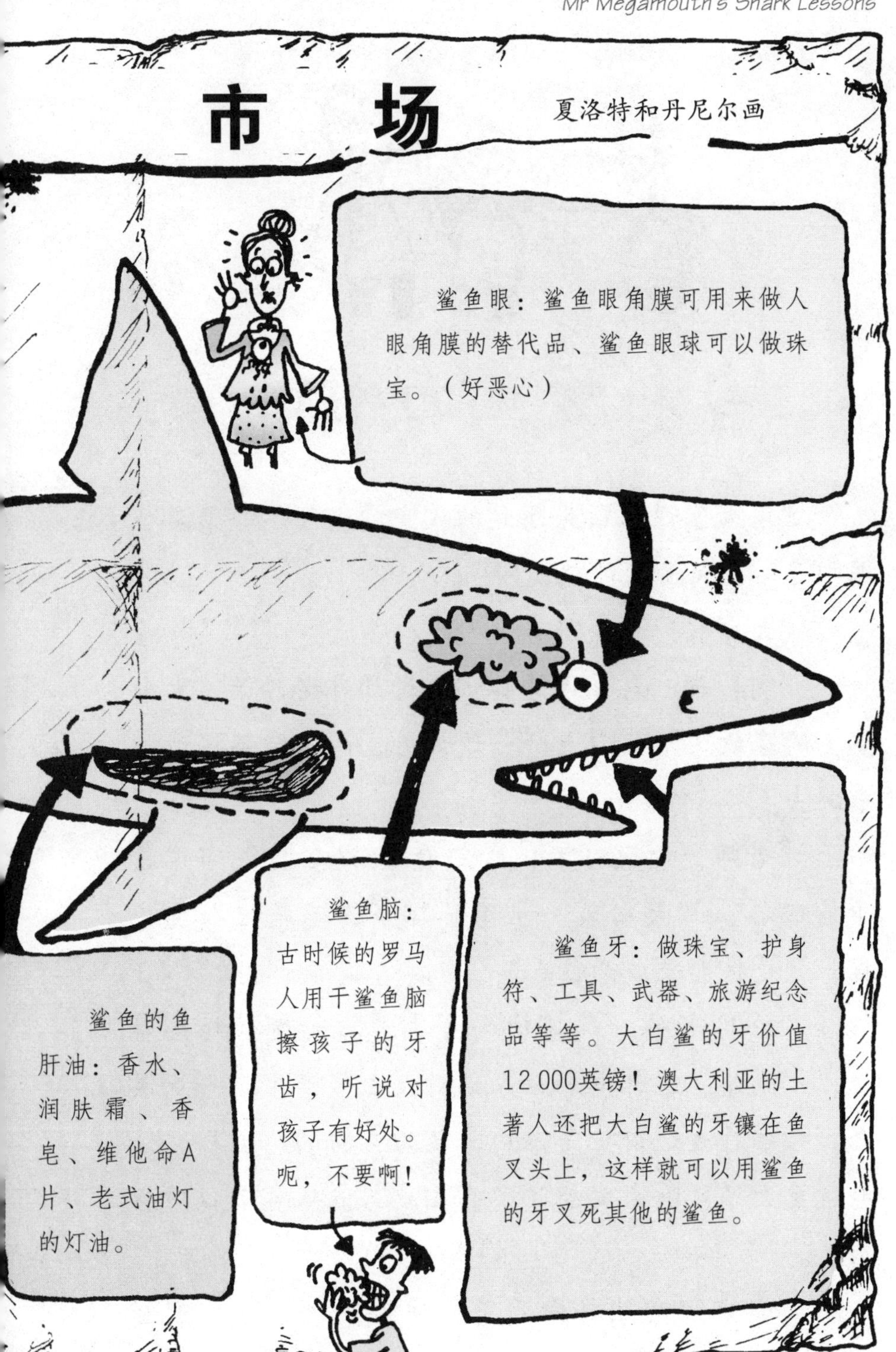
市 场
夏洛特和丹尼尔画
鲨鱼眼：鲨鱼眼角膜可用来做人眼角膜的替代品、鲨鱼眼球可以做珠宝。（好恶心）
鲨鱼脑：古时候的罗马人用干鲨鱼脑擦孩子的牙齿，听说对孩子有好处。呃，不要啊！
鲨鱼牙：做珠宝、护身符、工具、武器、旅游纪念品等等。大白鲨的牙价值12 000英镑！澳大利亚的土著人还把大白鲨的牙镶在鱼叉头上，这样就可以用鲨鱼的牙叉死其他的鲨鱼。
鲨鱼的鱼肝油：香水、润肤霜、香皂、维他命A片、老式油灯的灯油。

与剑吻鲨面对面

“请大家说出最先想到的鲨鱼的名字。”第二节课刚开始，大嘴老师就发问。

“大白鲨！”全班有一半的人答道。

“啊！那一定是因为你们看过那部老片子《大白鲨》的缘故。”大嘴老师一边说着，两只脚不停地跳来跳去。

“老师，你说对了！我都看过5遍了！”布瑞恩争着回答，“大白鲨一生干尽坏事，不是把人吞吃掉，就是把船咬成两截。”

“哈！老弟，那是你的看法。”大嘴老师接着说，“我想，这部电影让人们对大白鲨产生了一点误会。该书作者还说他是以白真鲨为素材的。这样，误会就更大了！看来要想了解真相就只能从鲨鱼口中打听了。”

大嘴老师突然转向西蒙，冲着他说了句：“好了，西蒙，变！”他拍了拍手。

转眼间，西蒙的脑袋开始变形。我们都张口结舌说不出话来。只见他的胳膊开始萎缩，个子在变高，皮肤变得更光滑。接着，一个难看的鲨鱼鼻子鼓了出来。随后，一个巨大的鲨鱼鳍爆炸般地撑破了衬衫，冒了出来。

仅仅2秒钟，西蒙就从人变成了鲨鱼。

“哦，西蒙！”凯莉看着西蒙的衣服碎片一样地落在地板上，忍不住喊了起来。

“老天哪！”我们也都喊了起来。

西蒙已经不见了。现在，站在……不，应该说是软软地靠在老师讲桌旁的是一只不折不扣的大白鲨，唯一不对劲儿的是这只大白鲨嘴的上方还架着西蒙的眼镜。

“呃，那么，你好，剑吻鲨。”布瑞恩结结巴巴地问，“你觉得做一头大白鲨感觉怎么样？”

“酷极了。”剑吻鲨自豪地回答。

“你可没我想象中的大。你最多能长多大？”凯莉盯着它问。

“有6米多长吧！但现在我还小。我的叔叔特伦斯有7米多长，体重有1800多千克呢！”提起叔叔，剑吻鲨就忍不住滔滔不绝地讲起来。

“哪有这种事！”布瑞恩撇撇嘴，说，“那可和一头大犀牛差不多重了！”

“犀牛是什么？我没听说过。”剑吻鲨突然显得有点悲伤，说，“可怜的特伦斯叔叔在加利福尼亚海岸被捉住以后，就被关在那儿的海洋馆。听说，几天后它就去世了。大白鲨一旦被关起来，就很少有活下来的。”一滴眼泪滑过了它的脸颊。

“哦！”大家都同情起它来。

“为什么大白鲨一被关起来就活不成了呢？”布瑞恩问道。

“我也不大清楚，可能是因为无法忍受被囚禁的生活吧。当你再也无法知道外面世界发生了什么事，你就会失去活下去的愿望。其实，不管是谁，如果被关起来，要在牢中度过余生的话，都会受不了的！你也是！”

“我才不会被关起来呢！”布瑞恩气得叫道。

“作为一头大白鲨，你认为最棒的是什么？”我问。

“打猎啊！追捕猎物别提有多好玩，多刺激了。那些可怜虫们几乎没有谁能逃得过。看到我头上的小孔了吗？这里面有好多胶状物，它们能帮我辨别出哪怕是

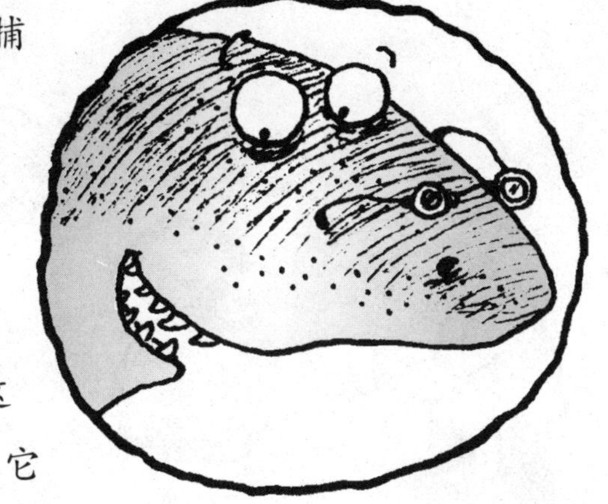

最最微小的电波。如果一条小鱼想要藏起来，我的探测器就会通过它们的心跳或鳃一鼓一鼓的振动波找到

它们。就算它躲在石头后面也没用，因为我会嗖的一下蹿过去狠狠地咬上一口。心情好的时候，我会把它放了，然后再给它来个突然袭击。我的嗅觉也是一级棒的，一滴血，就算和1000升的海水混在一起，我也能闻得到。”剑吻鲨越说越得意。

“那么，西蒙，呃，不，剑吻鲨，你们一般吃什么呢？”祖问。

“可吃的东西很多啊！海豹、鱿鱼、大骨鱼、海狮、海豚、海龟还有其他的鲨鱼，比方说灰鲭鲨、大青鲨还有双髻鲨，我们都吃。鲸的尸体也可以。有时候我们还捕食水面上的动物，像海鸟啦，海豹啦。我们会用力把它们撞上天，然后趁其头昏脑涨之时吃掉它们。”

“但最妙的还要数我们跳出水面，然后大头朝下落下来。它们都还闹不清楚发生了什么事，就糊里糊涂地丢了性命。”剑吻鲨把嘴张得大大的，发疯般的摆动着鳍，好像它现在就想来个空中捕食似的。

“啊！太可怜了！难道你就不为它们感到难过吗？”凯莉生气地问。

“我才不呢！”剑吻鲨慢慢平静下来，解释道，“我的意思是，如果不吃掉它们的话，我就没法活下去，我也没办法啊。我生来就是个肉食主义者，改也改不了。再说了，要是我真的到处吃水草，改吃素的话，那我才是个不折不扣的大笨蛋呢，其他大白鲨一定会笑话我的。”

“要是你逮到了猎物，这时别的大白鲨又出现的话，会怎么样呢？你们分着吃吗？”凯莉好奇地问。

“才不呢！这时候，我们就会扭动着身子，用尾巴使劲拍击着水面。谁拍得最好谁就赢了。要是它们赢了的话，我们就一起分着吃；要是我赢了的话，它们就只能灰溜溜地走开。”

剑吻鲨想了一会儿，又说道：“不过也并不总是那么简单。我们也有昏了头的时候。比方说我们一大群鲨鱼围在战利品四周，血的气味足以让我们都发疯。大家忘乎所以，疯了似的咬东西，也包括互相撕咬。那可真是昏天黑地呀。”

“啊！”大嘴老师恍然大悟地说，“那就是鱼类学家所说的‘进食疯’。”

“鱼类学家是个什么东西？”剑吻鲨露出迷惑不解的样子。

“曾经来过这里的乔维小姐就是鱼类学家，他们是专门研究鱼的人。”莱克斯米耐心地解释道。

“不知道他们的味道怎么样？”剑吻鲨一副向往的样子。

“你最近一次进食吃了些什么呢？”祖问。

“嗯，就吃了一只我一周前捉住的小海豹。”

“什么？一周前？”我们都不敢相信。

“是啊！我们大白鲨两顿饭的间隔可以很长很长，吃一头海狮或是海豚就能维持一个多月。”

“你的猎物们还击过吗？”凯莉问。

“我记得有一次，一头海豹撞了我一下子。其实当时都怪我贪多嚼不烂。它的长牙差一点儿就戳到了我的眼睛。多亏我会把眼球转到脑袋里。瞧！” 剑吻鲨把眼球向里翻，我们只能看到它的眼白。

“嘿，让我告诉你们我其他的拿手好戏吧。”剑吻鲨说，“我能在游水时把头露出水面，把嘴大张着，这样，所有牙齿都露在外面，看上去帅极了。所有的大白鲨都会这个，这一招可管用了，总能把人吓个半死。”

“哦！这应该就是科学家们所说的‘打哈欠’。”大嘴老师猜测道。

“他们这么说过吗？嗯，反正我没听说过。不过，我上周还在一艘载满了游客的小船附近一展我的绝技。他们一个个都吓破了胆。你真应当听听他们是怎样大喊大叫的。其实，我只是觉得这很好玩。”剑吻鲨呵呵笑了起来。

“大白鲨吃人吗？”布瑞恩又问。

“几乎不。但是特伦斯叔叔曾经错把一个冲浪的人当成是海豹。它把那个人撞下滑板，咬了一口，但还好,那个人跑掉了。特伦斯叔叔甚至有一次想吃掉我呢！”剑吻鲨心有余悸地说。

“哦！剑吻鲨，那你呢？你吃过人吗？”连姆小心翼翼地问。

剑吻鲨

“没有啊，但我相信什么事都要经历第一次，是吧？别说，我现在还真有些饿了。”剑吻鲨一边说一边冲着连姆靠了过来，连姆吓呆了。

剑吻鲨还在一个劲儿地往前凑，它的大嘴几乎都要碰到连姆的鼻尖了。

就在剑吻鲨刚一张开嘴，冲着连姆就要咬下去的时候，它突然开始浑身发起抖来。接着，它那硕大无比、威力四射的身体开始慢慢变小，又变回到西蒙的小身体。不一会儿，它完全变回西蒙本人了。

西蒙眨了眨眼，发现自己只穿着内衣，脸一下子就涨得通红。

“哎！连姆！”他透过布满水珠的镜片，看到了连姆。

“哎！西蒙！”连姆长长地舒了一口气，“真高兴你变回来了。”

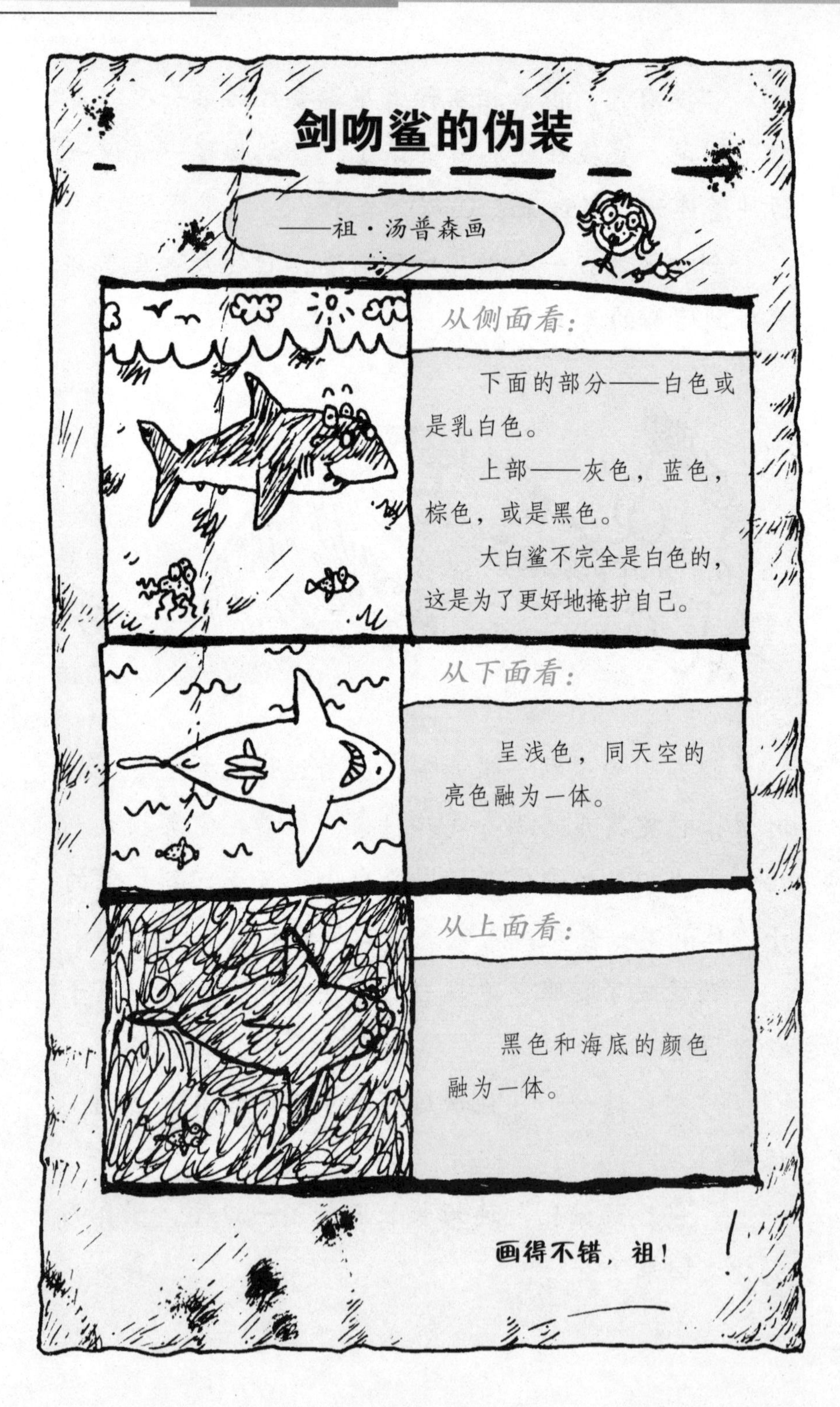
剑吻鲨的伪装
——祖·汤普森画
从侧面看:
下面的部分——白色或是乳白色。
上部——灰色，蓝色，棕色，或是黑色。
大白鲨不完全是白色的，这是为了更好地掩护自己。
从下面看:
呈浅色，同天空的亮色融为一体。
从上面看:
黑色和海底的颜色融为一体。
画得不错，祖!

但愿你也在

西蒙穿好衣服后，大嘴老师从讲桌的抽屉里拿出一张明信片给大家看。明信片的画面是一个被太阳照得暖洋洋的海滩，海滩上到处都是快乐的人群。前面一个皮肤晒得黝黑的小伙子站在滑板上，冲着镜头笑。

“这是祖在悉尼的表哥寄给她的明信片。”大嘴老师告诉我们，前面站着的那个小伙子是位澳大利亚救生员。

“正是在下！”突然，照片上的那个人说起话来，把我们吓了一大跳，“我叫凯文。很高兴认识你们这些小英国佬！为什么不到我这儿来，亲眼看一看美丽的海滩呢！按照卡上的话去做就行了。”

我们都赶紧看那张卡，只见上面写道：

“那么来吧。”大嘴老师说，“但愿你在那儿！”

“一，二，”我们一起喊起来，“但愿我们也在！”

话音刚落，我们就发现脚下已是被太阳晒得发烫的金色细沙，耳边传来远处阵阵疾驰而过的冲浪声和岸上人们的欢声笑语。

“哇！”大家都惊呆了，“我们到得可真快啊！”

“这可比在飞机上待26小时舒服多了。以后一定要多试几次。要是把我表妹带过来就好了！”大嘴老师不无惋惜地说。

“大嘴老师跟我说你们想知道所有跟夜游神有关的事。”凯文说。

“不！是鲨鱼！”西蒙赶紧纠正。

“哈哈！”凯文笑了起来，“你们这些英国小家伙！夜游神是我们这儿给鲨鱼起的外号。要说鲨鱼，你问我算是问对人了！除了营救那些滑水时遇险的笨蛋外，我的工作还包括留意鲨鱼的出没。我有时候在岸上走来走去，巡视着海面；有时候也会坐在眺望塔上。除了我以外，那艘侦察机上的飞行员也在时刻注意着海面的情况。”

“一旦发现有鲨鱼，我们就马上拉响警报，这时所有的人都会噼里啪啦地往岸边游，那速度绝对够快。但是那些冲浪迷们可不管这个，有时候赶上浪大，就算是有鲨鱼，他们也不愿放弃大好时机。说到鲨鱼饼干……哦！对了，提问时间，问吧，缠人的小家伙们！”

“嗯，什么叫鲨鱼饼干呢？”我不解地问。

“我们管那些年纪轻轻、没有经验的冲浪者叫鲨鱼饼干，因为这些人往往最容易成为鲨鱼的可口点心。”

“那么，鲨鱼到底有多危险呢？”连姆问道。

“不一样的。”凯文回答道，“如果你是条鱼，是只水鸟，一头海豹或是其他什么海洋生物，那你可就要小心了！但如果是人的话，就没那么危险了。在400多种鲨鱼中，只有30多种对人有危险，所以你们被鲨鱼袭击的可能性只有三十亿分之一。事实上，把历史上有记载的所有被鲨鱼吃掉的人都加起来，也没有一个月中死于车祸的人多。每年因大象造成的死亡人数也要比鲨鱼的多10倍，但是有谁看到过哪个人见了大象，吓得大喊大叫的？没有！因为人们总认为大象温顺、够朋友，不会伤害到人，不是吗？”

“如果现在就想下海的话，安全吗？”祖迫不及待地问。

“啊，人们之所以来这儿，很可能就是因为这个海滩四周都拦上了鲨鱼网，这样一来，鲨鱼就进不到游泳区了。但我们还是要小心，因为谁也不能保证百分之百的安全。全球每年大约有100多起鲨鱼袭击事件，其中至少有2到15起是致命的，我们这儿也发生过几起。”

“您能给我们讲讲吗？”连姆好奇地问。

“我没问题。但你们想听吗？”凯文故意这么问。

“想听！”大家一起回答道。

“那好吧。”凯文挠了挠头，说，“让我先想一想。先说说这个叫雷蒙·肖特，一个13岁小男孩的故事吧。”

凯文一边说，一边动了动手指，这时他身后的背景突然发生了变化，虽然看上去还是海滩，但和我们坐着的这个海滩完全不一样。一个巨大的明信片形状的屏幕突然映入我们的眼帘。

雷蒙立刻大喊大叫。看到他正和大白鲨搏斗，六七名救生员赶忙从四面跑过去，抱住他往岸上拖。

这时，他们发现那头大白鲨依然把小雷蒙紧紧地咬住不放。

直到上了岸，大伙儿一起扳开大白鲨的嘴，才把雷蒙的腿拽了出来。

屏幕暗了下来，“呀！”凯文叹道，“我想那只夜游神一定是饿极了，正想大吃一顿，要不不会追那个小孩。后来，研究人员为了一探究竟，解剖了它的尸体。他们发现它的身体已经受了重伤，由此大概可以推测它差不多已经不能再进行正常的捕食活动了，这可能也是它会袭击小雷蒙的原因吧。”

“哇噢！这个故事太离奇了！凯文！”连姆意犹未尽地说，“我现在明白了，如果怕鲨鱼袭击，最保险的办法就是不要到深水中去，或者根本就不要下水。”

“哈，老弟，这可不一定啊！”凯文笑着说，“首先，半数以上的鲨鱼袭击事件都发生在水深不足1.5米的水域。再者，鲨鱼有时候甚至会上岸寻找食物呢！”他又动了动手指，又一个巨幅电影画面出现在我们眼前。

她拔腿就往岸上跑，没想到鲨鱼也跟着她上了岸。那头鲨鱼的速度快极了，把身子下面的沙子都扬了起来。

最后，直到救生员火速赶来，用锤子狠狠地敲它，它才停了下来。

“哇！”还不等屏幕消失，我们都争相往后退，想离水远一点儿。

“如果被鲨鱼袭击的话，人死里逃生的机会有多大呢？”祖又问，这时大屏幕已经不见了。

“现在要比从前好多了。”凯文告诉我们，“过去，人被鲨鱼咬了之后，要么会因失血过多而死，要么会死于感染，如今周围有像我这样的救生员，还有医术高明的医护人员，一眨眼的工夫就能把伤者送到医院。再说，现在就算被鲨鱼咬去一条腿，还可以装只假腿呢！”说到这儿，凯文又像想起什么似的，对我们说道，“听听这个故事如何？这个小伙子可是两次被鲨鱼咬去左腿的呢。”

“这名潜水员名叫亨利·布尔斯。1964年，他遭到了大白鲨的袭击，从此失去左腿。伤口愈合后，他

装上假肢，又开始潜水。隔了一段时间，又有一头大白鲨把他的假腿咬掉了。”

说到这儿，凯文望了望海滩，说道：“好了，回答完最后几个问题，我就得赶紧回去了。要不，同事们会以为我在偷懒，你们这些小家伙也会以为我在逃避责任！”

大嘴老师问道：“据说，被鲨鱼袭击的男人比女人多，是真的吗？”

“的确是这样的！”凯文解释，“其实女人和男人一样爱下水，但奇怪的是鲨鱼更喜欢咬男人。据说其可能性是女人的8倍。有人认为那是由于男人总爱冒险以显示自己很顽强的缘故。”

“如果被鲨鱼袭击，我们应当怎么办呢？”莱克斯米关切地问。

“这个问题很难回答，不同的人会用不同的方法。比方说，用拳头打鲨鱼鼻子啦，用拇指挖鲨鱼的眼睛啦。但最好是身边有个同伴可以帮你，或者有救生员。”他笑了笑，又说道，“如果都不行的话，就只好祈祷有海豚过来救你了。”

“海豚？我不明白。”丹尼尔疑惑不解地问。

“嗯！”凯文沉吟了一下，随即打了个响指，说，“有关海豚救人脱离鲨鱼之口的故事可多了。这个是我最喜欢的。”

1989年，在新南威尔士的海滩上，3个小伙子正和一群海豚一起冲浪。突然，海豚们变得躁动不安，并且开始在小伙子们的滑板下面乱转起来。

紧接着，一头3米长的大白鲨出现了，它呼的一声冲着其中的一个男孩子撞了过去，一口就把他的滑板咬下一大块，那个男孩也被咬了好大一口。

这时，海豚们开始拍打着水花，一齐向鲨鱼撞过来。最后，鲨鱼落荒而逃，小伙子们得救了。

“哇！”大嘴老师满意地笑着说，“太不可思议了！凯文，谢谢你！”

但是凯文突然不见了！沙滩，大海，也都不见了。

“哦，那些欢蹦乱跳的沙丁鱼。”大嘴老师向往地说，“太美妙了！要是在水里划划船就更好了！”

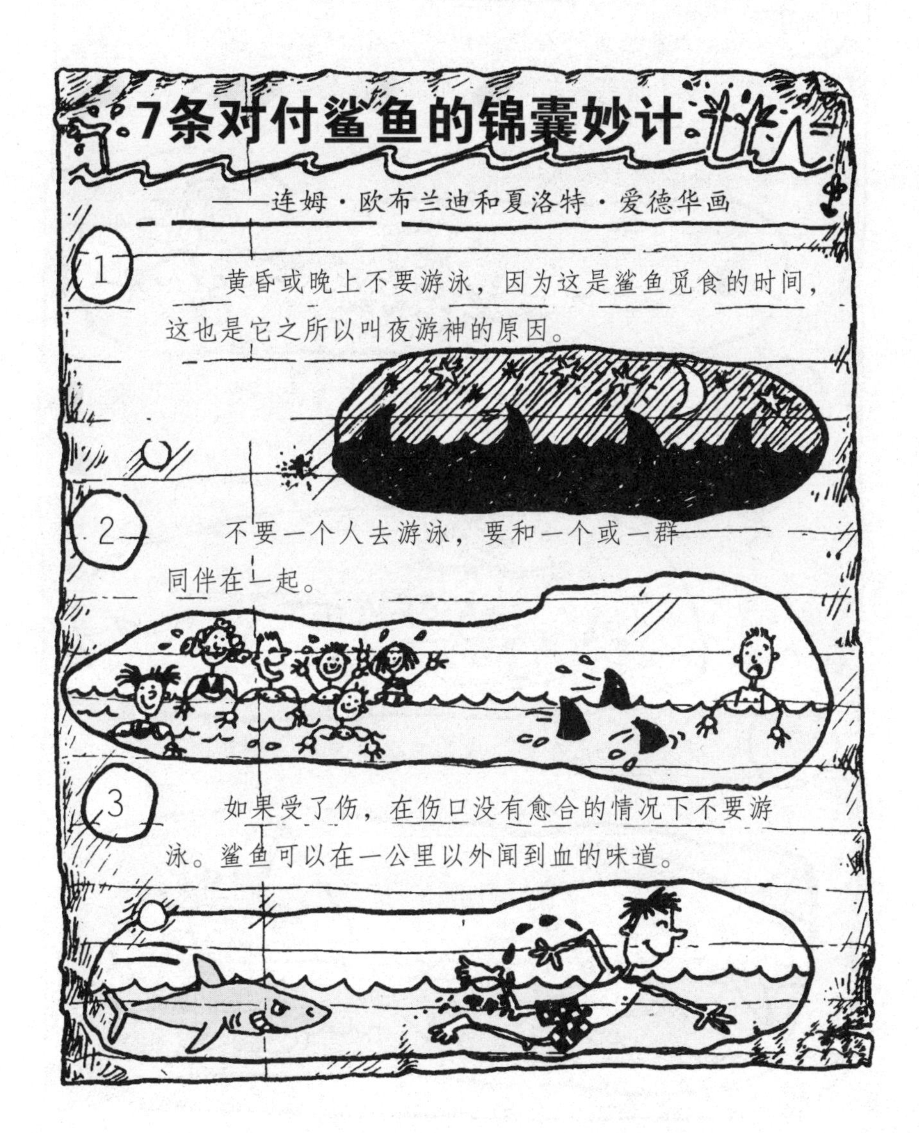

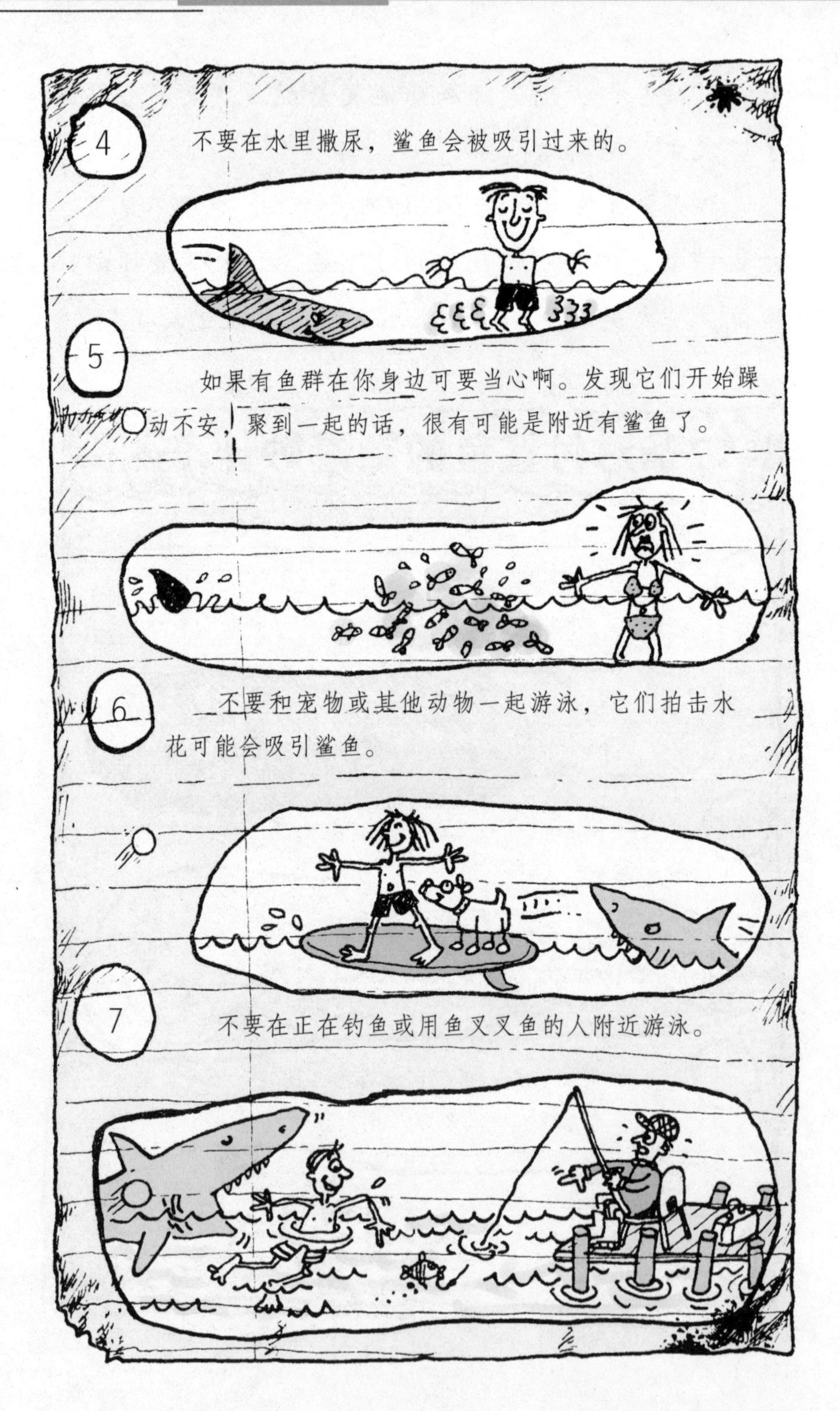
4
不要在水里撒尿，鲨鱼会被吸引过来的。
5
如果有鱼群在你身边可要当心啊。发现它们开始躁动不安，聚到一起的话，很有可能是附近有鲨鱼了。
6
不要和宠物或其他动物一起游泳，它们拍击水花可能会吸引鲨鱼。
7
不要在正在钓鱼或用鱼叉叉鱼的人附近游泳。

鲨鱼斗士

午休后，我们回到教室，看见大嘴老师正坐在一个巨大的地球仪前漫不经心地转动它。

“OK！大家注意了！”他冲着我们说，“现在都到我这神奇的地球仪前边来。一会儿，我们要去看一看过去人们是怎么对待鲨鱼的。让我们先从那些鲨鱼斗士开始吧。我知道在太平洋某个岛屿上曾有过很多鲨鱼斗士。你们知道是哪个岛吗？”

我看了看地球仪，指着一大片蓝色，问：“是这儿吗？”

“棒极了！夏洛特！现在请你把手放在这个群岛上。”

我照着他的话做了。

“好极了！”大嘴老师打了个响指。这时，地球仪上原来的蓝色、绿色还有棕色越来越淡，透过表面，我甚至能看得到里面。

我离得最近，所以看得一清二楚。“大家快来看哪！”我大喊，“我看到夏威夷了。”

只见地球仪的里面出现了一个小岛，连海岸线都能看得清清楚楚。和海岸线连着的是一个四周用岩石垒成的水池。岩石上有个很大的缺口，一直延伸到海里。好多人正围在水池边。有人正在把大块大块的肉和整条整条的鱼扔进池子里。

“看上去好像是个竞技场。”连姆说。

“就是个竞技场。”大嘴老师肯定地说。

突然，竞技场的入口处出现了一个黑色的鳍。只见它先是转了几圈，然后就疾速游到了水中央。这时一个看上去十分健硕、全身上下只围了块腰巾的男人滑下了水，费力地向那个鳍游去。

“他是干什么的？”布瑞恩问。

“一个斗士，”大嘴老师说，“他要去屠鲨。”

“开玩笑！”丹尼尔根本就不信。

“我没开玩笑。”大嘴老师看起来真的不像开玩笑，“我们知道，西班牙有斗牛士，古罗马有专门和各种野兽角斗的角斗士，而在古夏威夷，就有专门斗鲨鱼的勇士。他们是专供国王们消遣的。”

“那么，他用什么斗鲨鱼啊？”凯莉问。

“就用一颗鲨鱼牙。”大嘴老师说道，“鲨鱼斗士会把鲨鱼牙镶嵌在一根木头上，但是有一点，他不能先动手，因为按规定应该让鲨鱼先进攻。然后，在最后关头，他必须潜水到鲨鱼肚子下面，把这颗牙刺进鲨鱼肚子里才能算赢。”

“看！他开始进攻了！进攻了！”凯莉大叫。

只见那恐怖的鳍飞也似的冲向了那个人。冲到他面前时，那人身边的水开始泛起泡沫，紧接着，呼的一下子，大鲨鱼腾空跃出水面。说时迟那时快，只见那人身子一躬，紧紧抓着鲨鱼牙就要刺过去，但就在这关键的一刻，大鲨鱼一歪跳到了一侧，那人差一点儿就刺到了它。

“啊！”大嘴老师担心地说，“看上去他快招架不住了。”

“你怎么知道？”我心神不定地问大嘴老师。

“因为大鲨鱼潜在水里，我们看不见它，可它一旦行动起来会很快很快……”

大嘴老师说话时，我们眼前的画面开始变模糊了。一点一点的，原来那些国家啊、海洋啊又都出现在地球仪上了。

“人真的会去斗鲨鱼吗？”我还是有点不敢相信刚刚看到的一切。

“是真的！刚才那个竞技场是1900年被美国人发现的，当时他们打算在珍珠港建一个大型码头。”大嘴老师解释道。

“这么说来，人们从那时起就开始了对鲨鱼的酷刑！”想起了那碗鱼翅汤，凯莉愤愤不平地说。

“是的。但也有岛民敬拜鲨鱼。他们为鲨鱼仙修神洞，还在洞顶的大祭坛上把活人杀了来祭祀鲨鱼。”

“哦！天哪！太可怕了！”我们都喊起来。

“你们看，生活对人也是很残酷的。”大嘴老师看了看我们，接着说，“但这并不妨碍老百姓讲述精彩的鲨鱼故事。”

一个关于鲨鱼的民间传说——
插图：凯莉
编写：祖
卡迈卡出生时是一只老鼠，但是不久他就变成了……
一串香蕉
后来，他又变成了一个背后长着鲨鱼牙的男人。
呼！
他日日在田中劳作。每当有人从田边走过，他就警告他们：
早上好啊！
小心鲨鱼啊！

一旦他们走出视线，他就抄小道跑到海边。
这样，当人们一下海，就被他吃掉了。
咔嚓！咔嚓！
救命！
后来，一位勇敢的武士杀死了卡迈卡并获恩准和首领的女儿结了婚。
精彩极了！你们知道吗？在斯里兰卡，他们请驯鲨人来阻止鲨鱼袭击那些在深海寻找珍珠的人。

鳕鱼片船长

大嘴老师盯着挂在教室后面的一幅油画看了一会儿。画上是一位饱经风霜的老船长正驾着船儿乘风破浪。画的名字叫《暴风雨的洗礼》，挂在那儿有些年头了。

“船长！”只见大嘴老师对着画喊道，“跟我们讲讲鲨鱼吧！”

老水手先是挑了挑眉毛，然后……然后他……他就开口说话了。“哎！大嘴！你这懒惰的旱鸭子！”他几乎是冲着我们吼道，“老伙计！没问题！我可以先说说那些讨厌的海狼。”

然后，你怎么都想不到，老船长竟爬出那幅画画，大步走到大嘴老师的讲台。他身后的地板上留下长长的一条水迹。

只见他一跳，就坐到了讲桌上。“哇！”我们禁不住叫了起来。“听着，伙计们！我曾航行过四大洋，大海里千奇百怪的事我都经历过。我这辈子看见过好几次鲨鱼，也听过好多关于鲨鱼的传说。你们只要盯着那幅画看一会儿，就能明白我的意思了。”

听老船长这么一说，大家都抬起头来，望着那幅画。只见画上的那条船渐渐消失在海平面，另一艘老式帆船出现在我们眼前。它被大浪打得东倒西歪，眼看就要触礁了。

“大家看！”老船长指着画对我们说，“这艘古希腊帆船遇到了大麻烦。唉！船上的老伙计们都跳了船！过不了一会儿，他们就要成鲨鱼的美餐了。”

“啊！”我们都惊叹起来。

“可怕吧？”老船长接着说，“要不是希腊的一位史学家希罗多德在5世纪就将这一事件记入史册，谁都不会知道。但是希罗多德不知道它们是鲨鱼，他称这些凶残的鱼为海怪。

“16世纪，在英国，没人听说过鲨鱼。还是约翰·霍金斯船长从加勒比战役回来后，说起好多水手都丧命于一种叫鲨鱼的怪东西之后，人们才知道了它。后来考古学家们认为霍金斯船长和他的船员一定是从美洲中部的玛雅人那里听说了这个词。玛雅人称这种凶残的鱼为‘拤鱼’（chioc）或‘吓鱼’

（xioc），在玛雅语中意思是‘愤怒’，而这个词的发音和鲨鱼（shark）很像，不是吗？”

老船长捋了捋花白的胡子，沉思了一会儿，然后说：“我想起了一个故事。在18世纪，有个14岁的小男孩名叫布鲁克·华特森。他的腿被鲨鱼咬掉了。长大后，他当上了伦敦市长，竟然把那条残腿粘到了他的盾形纹章上。”

老船长突然神色严肃地说：“对于水手们来说，最可怕的莫过于第二次世界大战期间了。举例说吧，当时，在美军的战舰‘印第安纳波利斯号’被日军鱼雷炸毁后，1200名士兵跳入了水中，只有316人生还。”

“那是为什么呢？”布瑞恩问。

“因为鲨鱼把其他人都吃了。生还的海员们都清

楚地记得，当时海水很清澈，在他们身下大约7米的地方，有一大群鲨鱼在打着转转。突然，它们一齐冲出水面，咬住一个人后，就开始撕扯他的……”

“我想就讲到这儿吧。谢谢你，船长。”大嘴老师连忙止住他。

“随便你！好了伙计们，还有谁要问问题吗？”老船长问大家。

“当然有！船长，世界上最大的鲨鱼是什么鲨鱼？是大白鲨吗？”西蒙第一个发问。

“才不是呢！”老船长喊道，“和世界上最大的鲨鱼相比，大白鲨不过是个小娃娃。世界上最大的鲨鱼是鲸鲨。你们可不要被这个名字唬住。鲸鲨不是鲸，之所以这么叫它是因为它长得实在是太大太大了。它是鲨鱼，巨大无比的鲨鱼！”

老船长突然兴奋起来：“听着，照我看不如我们现在就起航，没准儿真能看到鲸鲨呢。”

“可是我们哪儿有船啊？”西蒙问。

“呵呵，我们有船。”老船长指挥道，“现在把所有的课桌推到一起，我和大嘴老师自有办法。”

两分钟后，大家把所有的桌子都推到一起，然后把椅子堆到桌子上。老船长和大嘴老师也忙得不可开交，只见他们一趟一趟从美术角的水槽里打水，然后泼到地板上。

“好了，现在请大家登上‘海豚号’！”老船长泼完最后一桶水，大声喊道。我们都按照指示，爬到了椅子上。老船长开始给大家发救生衣。

大嘴老师又做了一下那傻得要命的转圈动作，然后匆忙爬上了最后一个空座。

水位迅速升高，才一会儿工夫，水就没过了桌子腿。这时，课桌也不再是课桌了，它们组合在一起，变成了一艘大木船。随着水位的升高，船身开始剧烈晃动。水在上升，我们也在上升，升啊升啊，眼看我们的“船”就要碰到屋顶，我们也都快要被压扁了。这时，船头一转，开始向着《暴风雨的洗礼》那幅画漂去。

当我们靠近那幅画时，教室的天花板突然不见了。还有墙啊，玻璃啊，都统统不见了。 我们眺望

着眼前一望无际的汪洋大海，倾听着海鸟在身边扑棱着翅膀。接着只听汽笛一声长鸣，再一看，老船长正在“海豚号”的船头眺望呢。他转过身来，冲我们笑了笑。

话音刚落，“海豚号”就开始前进了。

不一会儿，海上就起了巨浪。“海豚号”在巨浪中摇摇晃晃地前行。滔天的海浪击打着船身，激起阵阵咸咸的水花，劈头盖脸打在我们身上。

“船长，我们这是在哪儿啊？”

“太平洋。”船长喊道，“我想我们离鲨鱼不远了！你们要睁大眼睛啊！”

“是，船长！”我们一齐喊道。大家都站了起来，把手挡在眼睛上方，在茫茫的海面上搜索，希望自己能第一个找到鲨鱼。

大约5分钟后，丹尼尔突然大喊：“看哪，那边有一艘船！一定是翻了。”

我们顺着丹尼尔手指的方向看过去，只见100米以外的海面上，漂着一个庞然大物，看上去像是艘大头朝下的船。但再看，我们发现它动了几下，然后朝我们这边游来。

“那不是船！”大嘴老师连忙说，“那是鲸鲨！”

“哦！不！”西蒙吓得喊了起来，“好大啊！船长，我们现在处境危险吗？”

“别担心，我的小虾米！这些家伙虽然看上去如同庞然大物，其实都是些大笨蛋。”

鲸鲨离“海豚号”越来越近。透过清亮的海水，我们甚至看得清它黑色皮肤上的可爱的黄白色圆点和花纹。

“真是个大家伙！应该有15米长了。”老船长估计道。

“它比公共汽车还要长，6张乒乓球桌加在一起可能也没它长呢！”西蒙兴奋地嚷道。

“那当然！它们可是世界上最大的鱼啊！”大嘴老师骄傲地说。

“咱们再往它那边靠一靠。”

“如果我们相撞了，会撞伤它吗？”有人问。

“这个不用担心。”老船长为了让我们放心，说道，“这家伙皮糙肉厚，结实得很！它的皮特别特别厚，皮下还有一层14 厘米厚的软骨，这使得它就像是用铁皮包起来的卡车轮胎一样，刀枪不入。以前，我看见过有人企图用枪、鱼叉来干掉它们，但这家伙只要肌肉一绷紧，所有的子弹啊、长矛啊就都纷纷反弹回去了。现在想起来，我们这么对待温驯、一点恶意都没有的鲸鲨真是太残忍了。它们可友好啦！我曾看到有的潜水员用手拽住它的鳍让它顺路捎上一程哩。但你要是一摸它的尾巴，它马上就会潜到水下。”

我们离鲨鱼还有2米的时候，鲸鲨恰好张开了它的大嘴。

“嘿！感激不尽！看来你真的想给我们展示一下你那美丽的牙齿哟！”大嘴老师对着鲸鲨喊道。

“什么牙齿？我怎么看不见？”连姆着急地问。

“仔细看！又不是看断木机和大锯子！”大嘴老师说道。

“这些是小过滤器，有3万到5万只。它们可以从水里过滤食物，比方说，像特别小的草啊、浮游生物啊、鱿鱼、凤尾鱼，还有沙丁鱼，等等等等。”

这头鲸鲨的嘴起码能有1.5 米宽。当我们盯着它那成千颗小牙看时，它把头浸在水里，做了一个舀水的动作。

“看！它在吸水！它一小时过滤掉的水足能装满一个大游泳池。”大嘴老师指着鲸鲨说。

吸完海水之后，鲸鲨紧紧地跟在“海豚号”的右侧，巨大的身躯开始在船身上蹭来蹭去。这时大家都挤到船的这一边，打着响舌，像是在逗宠物鹦鹉一样逗起鲨鱼来。

“我能拍拍它吗？” 西蒙不知从哪儿来的勇气，问道。

“怎么不行，我的小虾米！但一定要记住……”

没等老船长说完，一个巨浪打过来，西蒙被浪

卷到了水里。情况是这样的：刚才，正当他伸出手想要摸摸鲨鱼的时候，一个巨浪打到了“海豚号”。于是，西蒙就掉进了海里。

凯莉吓得赶紧举手报告：“老师，西蒙掉在海里了！和鲨鱼在一起！”

“我看到他了！哦！老天，多亏他穿了救生衣！”大嘴老师担心得不得了。

“他好像还没我们紧张呢！”老船长看了一会儿说。

“可不是，看上去还挺开心的。看哪！”大嘴老师兴奋地喊道，“西蒙搭上了鲸鲨的顺风车了。但愿它不要把他拉得太远！”

鲨鱼还浮在水面上。西蒙轻轻拍了它几下，然后抓住了它的鳍。鲸鲨并没有箭一般地冲出

去，也没有一个猛子扎到海底，而是开始绕着“海豚号”一个劲儿地转圈圈。大约转了六七圈后，西蒙才恋恋不舍地从这个新朋友的身上下来，冲着我们这边伸出了大拇指，别提多神气了！再看鲸鲨，只见它轻轻甩了甩尾巴，一个猛子扎到了神秘的海底深处。

老船长把西蒙拖上甲板，只听西蒙还在不停地说：“太不可思议了！我长大了没准要当一名深海潜水员！要不就当个鱼类学家！”

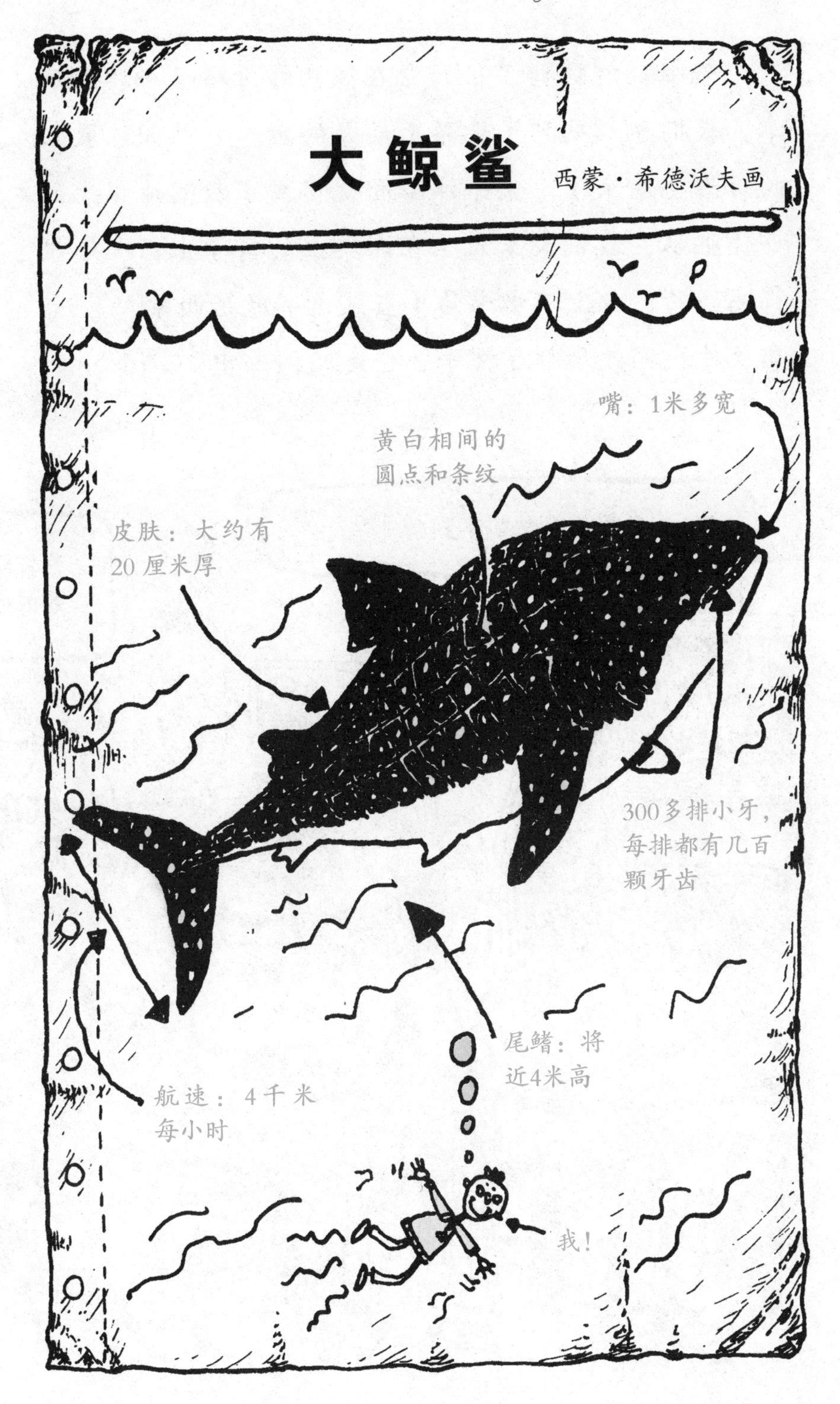
大鲸鲨
西蒙·希德沃夫画
嘴：1米多宽
黄白相间的
圆点和条纹
皮肤：大约有
20 厘米厚
300多排小牙，
每排都有几百
颗牙齿
尾鳍：将
近4米高
航速：4千米
每小时
我！

好啦！就这些了！西蒙在鲨鱼鳍上搭了一程顺风车，我们也都见到了世界上最大的鱼。忽然间，我们的历险也结束了。太平洋瞬间就变成了教室地板上的一洼脏水，我们大家正坐在课桌上的椅子上，个个坐得高高的，身上滴水未沾（当然这不包括西蒙）。老船长冲我们最后挥了挥手，也走回到画中。

“我们也该下课了。瞧，其他班的同学都放学回家了！”大嘴老师看了看窗外说。

“我想，他们要是知道咱们去了哪儿，一定会羡慕得要命！”莱克斯米一边脱救生衣一边说。

“我可不这么想。别忘了他们一定也有自己的历险经历！”大嘴老师说。

大家都开始收拾书包，只有西蒙还在使劲拧他那还滴着水的衬衫。

“我想我这辈子和鲨鱼是分不开了……不好了！”他突然停住了，脸变得比大白鲨的肚子还要白，“我得赶快溜，我妈来了！”

我们顺着他的目光看过去，果然，希德沃夫夫人正迈着大步穿过操场。

“她说今天要带我去看牙。要是看到我这副狼狈的样子，她不疯掉才怪！”

但是一切都太迟了，西蒙的妈妈已经站在了门口。

“西蒙！你怎么了？浑身上下都是水！头发上是什么？啊？海草？”

还没等西蒙说完，希德沃夫夫人发现了大嘴老

师，气冲冲地向他走了过去。

“大嘴老师，也许您能给我解释一下，为什么我儿子看上去就好像刚从水族馆里捞上来似的？”

“这个……我真想帮您，可10分钟后我得参加一场重要的水球比赛。我可不想迟到，不好意思，我先走一步了！”大嘴老师说完，原地转了3圈，一把抓住魔法口袋冲出教室，转眼就消失得无影无踪。